葡萄标准园生产技术

园艺作物标准园生产技术丛书

U0321344

园艺作物标准园生产技术丛书

葡萄
标准园生产技术

农业部种植业管理司
全国农业技术推广服务中心 组编
国家葡萄产业技术体系

中国农业出版社

图书在版编目（CIP）数据

葡萄标准园生产技术/农业部种植业管理司，全国
农业技术推广服务中心，国家葡萄产业技术体系组编. —
北京：中国农业出版社，2010.10
　（园艺作物标准园生产技术丛书）
　ISBN 978-7-109-15033-1

　　Ⅰ.①葡…　Ⅱ.①农…②全…③国…　Ⅲ.①葡萄栽
培　Ⅳ.①S663.1

中国版本图书馆 CIP 数据核字（2010）第 192166 号

中国农业出版社出版
（北京市朝阳区农展馆北路2号）
（邮政编码 100125）
责任编辑　孟令洋　吴丽婷

中国农业出版社印刷厂印刷　新华书店北京发行所发行
2010 年 10 月第 1 版　2010 年 10 月北京第 1 次印刷

开本：850mm×1168mm　1/32　印张：4.875
字数：117 千字　印数：1～8 000 册
定价：12.00 元
（凡本版图书出现印刷、装订错误，请向出版社发行部调换）

《园艺作物标准园生产技术丛书》

编委会

葡萄标准园生产技术

主　　编：段长青　李　莉

编写人员：田淑芬　张振文　赵胜建

杨国顺　翟　衡　郭修武

潘明启　王振平　王忠跃

刘凤之　梁桂梅　李　莉

冷　杨　王娟娟

前　言

　　我国是园艺产品生产和消费大国，蔬菜、水果、茶叶面积、产量均居世界第一，目前发展的关键是提高质量、提高效率、提高素质。园艺作物标准园创建是新时期种植业工作的一个战略性选择，是我国园艺产品生产思路的重大转变，是促进园艺产业发展的重大举措，是农业部门继高产创建之后的又一重要抓手。园艺作物标准化创建已写入中央一号文件和政府工作报告，成为农业部的重点工作之一。

　　为了示范带动园艺产品产业素质及效益的提高，满足农民进行标准化生产的需要，农业部将组织园艺作物标准园生产技术培训工作。为了提高培训质量，针对园艺作物标准园管理中亟待解决的技术难题，我们组织有关专家编写了《园艺作物标准园生产技术丛书》。丛书包括：《苹果标准园生产技术》、《柑橘标准园生产技术》、《梨标准园生产技术》、《桃标准园生产技术》、《葡萄标准园生产技术》、《香蕉标准园生产技术》、《荔枝标准园生产技术》、《蔬菜标准园生产技术》、《茶叶标准园生产技术》。

这套丛书系统地介绍了标准园布局与基础设施建设、园艺作物栽培管理技术、采收及采后商品化处理技术、产品安全质量技术要求等内容。深入浅出、文图并茂、通俗易通，突出可操作性和实用性。既是一套系统、完整的培训教材，也是一系列很有价值的教学参考书，更是广大基层技术推广人员和农民的生产实践指南。

由于工作繁忙，时间紧迫，水平有限，书中不妥之处欢迎广大读者批评指正！

编　者

2010 年 6 月

目 录

一、建园规范

（一）园址选择

葡萄为喜温、喜光的植物，温度、水、光照条件是新建葡萄园的重要考虑因素；其次还须考虑一些自然灾害发生的情况，如除冻害、霜害、水害外，还有风害、沙尘暴、雹灾等，同时还要考虑葡萄园的位置。

1. 地理位置　大部分葡萄园分布在北纬 20°～52°及南纬 30°～45°之间，绝大部分分布在北半球。海拔一般在 400～600 米。葡萄园应远离污染源，与工厂相距 5 千米以上、与交通主干线相距 0.5 千米以上。若距交通主干线较近，则必须采取生物隔离或设施隔离，也必须达到 50 米以上。要求周边的空气、水资源等生态环境洁净、无污染，土壤重金属含量不超标，产地环境条件必须符合无公害农产品产地环境条件要求。葡萄园要位于交通便利的地方，具有公路、铁路、空运等通畅的运输条件。

2. 气候条件　不同葡萄品种从萌芽开始到果实充分成熟所需≥10℃的活动积温不同。根据前苏联达维塔雅的研究，极早熟品种要求 2 100～2 500℃，早熟品种 2 500～2 900℃，中熟品种

注：亩为非法定计量单位，15 亩＝1 公顷。

2 900～3 300℃，晚熟品种 3 300～3 700℃，极晚熟品种则要求3 700℃以上的活动积温。

3. 埋土防寒区与非埋土防寒区　多年冬季绝对平均最低温度低于－15～－14℃时应考虑葡萄越冬埋土防寒，高于－15～－14℃的地区一般不需要埋土防寒。

（二）葡萄园规划

要求葡萄园内田间道路完备且布局合理，便于作业和运输。生产作业道贯穿果园（120～200 厘米），生产道与果园运输道（300～400 厘米）相连，果园运输道与主干道相连，葡萄园水电基础设施配备完善。

（三）土壤准备

葡萄对土壤适应性较广，一般沙土、壤土、黏土地均能种植，但要选择排灌方便、地势相对高燥、土壤 pH 6.5～7.5 的地块。较黏重的土壤、沼泽地和重盐碱土不适宜于葡萄种植，需要掺沙、煤渣灰或排盐处理，施有机质肥逐步改良土壤。

1. 土壤改良

（1）沙荒砾石地改良　主要是客土改良，利用含盐碱量低的黏土或壤土，结合施用有机肥，在挖施肥坑时，捡出砾石，将黏土、有机肥和含有小砾石的原土混合施入坑中。

（2）盐碱地改良　在生长期及埋土前，灌水排碱洗盐，有条件可在丰水期以水压盐洗盐，降低土壤含盐量。利用杂草、绿肥覆盖；中耕可减少土壤水分蒸发，抑制土壤返盐。

（3）黏土改良　结合施用有机肥，将沙、有机肥和黏土混合，施入肥料坑中，逐步将黏土改良为适宜葡萄根系生长的沙壤土。

（4）深翻改土　深翻一般结合秋季施有机肥进行，每年或 1～2 年 1 次。黏重土壤深翻时要深些，深度可为 60～80 厘米；沙土地可浅些，40～50 厘米即可。

（5）施肥　主要施用有机肥和磷钾肥，有机肥的种类包括各种腐熟的畜禽类、人粪尿和沤熟的秸秆肥、绿肥、酒渣等，一般每亩施入 5 000～10 000 千克，磷肥和钾肥一般每亩 20～50 千克。

2. 土壤消毒

（1）日光高温消毒法　在夏季 7、8 月高温季节，将基肥中的农家肥施入土壤，深翻 30～40 厘米，灌透水，然后用塑料薄膜平铺覆盖并密封土壤 40 天以上，使土温达到 50℃以上，以杀死土壤中的病菌和线虫。在翻地前，土壤中撒施生石灰 80～150 千克/亩，灌水后覆塑料布可使地温升到 70℃左右，杀菌、杀虫效果更好。

（2）药剂消毒法　使用熏蒸剂如溴甲烷、三氯硝基甲烷、棉隆、福尔马林等，栽植前对土壤进行消毒。利用土壤消毒机或土壤注射器将熏蒸药剂注入土壤中，然后在土壤表层盖上塑料薄膜，杀死土壤中的病菌。土壤熏蒸消毒后，必须使药剂充分挥发后才能定植。否则，容易产生药害，造成缺苗、弱苗及减产。

（四）品种选择

1. 酿酒葡萄品种　酿酒品种的选择主要取决于酒厂的产品类型。一定要在充分了解酒种类型和生产目标的基础上，确定栽植品种。

2. 鲜食葡萄品种

（1）早熟有核品种　维多利亚、香妃、早黑宝、早巨选、郑州早玉、乍娜、大粒六月紫、六月紫、巨星、蜜汁、矢富罗莎、洛浦早生、紫珍香、丰宝、坂田良智、凤凰51、奥古斯特、贵妃玫瑰、黑香蕉、红双味、京秀、京亚、京玉。

(2) 早熟无核品种　金星无核、弗蕾无核、夏黑、无核早红、黎明无核、汤姆逊无核、奥迪亚无核、郑果大无核、优无核、无核白鸡心、希姆劳特、碧香无核、京早晶、8612。

(3) 中熟有核品种　天缘奇、香悦、紫地球、醉金香、巨玫、巨峰、安艺皇后、黄蜜、金手指、巨玫瑰、藤稔、超藤、大粒玫瑰香、黄金香、高蓓蕾、高鲁比、黑峰、黑瑰香、户太8号、京优、黑蜜。

(4) 中熟无核品种　奇妙无核。

(5) 晚熟有核品种　摩尔多瓦、晚霞、魏可、信侬乐、意大利亚红高、红罗莎里奥、克林巴马克、美人指、蜜红、秋红、大红提、峰后、高妻、格拉卡、黑提、红地球、巴西、比昂可、翠峰、达米娜、红茧、红鸠、新尤尼坤、红意大利、夕阳红。

(6) 晚熟无核品种　红宝石无核、皇家秋天、克瑞森无核、莫丽莎无核。

3. 品种选择注意事项　主栽品种要最适合本地区生态条件，适合市场需求。在埋土防寒地区栽培应选择抗寒砧木，如贝达；在中度以下盐碱地应选择抗盐碱砧木，如5BB、SO4等；在土壤黏重地区应选择贝达作为砧木。在根瘤蚜、线虫发生区域，可选择高抗根瘤蚜、抗线虫的5BB、SO4、101-14、1103P、420A等砧木。

(五) 定植

1. 挖定植沟　一般沟宽、沟深为80～100厘米，在土壤黏重的地区或在砾石山坡地注意适当加大栽植沟的宽度和深度。栽植沟挖好后使土壤充分风化，并在底层填入切碎的玉米秸秆，然后再将腐熟的有机肥料和表土混匀填入沟内，填土要高出原来的地面，以防栽植灌水后土面下沉。在土壤较为疏松的地区可采用坑栽，定植坑的深度应在 60 厘米左右，同样填入秸秆和有机肥。

2. 栽培架式和行向选择　新建的酿酒葡萄基地一般选用篱架，鲜食品种多用篱架或小棚架栽培。

行向选择：南北行最有利于光能的利用，东西行光能利用较差。

确定行距：主要考虑的因素是品种的生长势、整形与架式、越冬防寒取土需要、达到丰产的年限以及机械耕作的要求等。

3. 苗木准备　合格苗木要求有 5 条以上完整根系、直径在 2～3 毫米的侧根。苗剪口粗度在 5 毫米以上，完全成熟木质化，有 3 个以上的饱满芽，无病虫害。嫁接苗的砧木类型应符合要求，嫁接口完全愈合无裂缝。苗木栽植前修剪保留 2～4 个壮芽，基层根一般可留 15～25 厘米，受伤根在伤部剪断。苗木准备好后要立即栽植，若不能很快栽完，可用湿麻袋或草帘遮盖，防止抽干。

4. 栽植时期　葡萄苗在秋季落叶后到第二年春季萌芽前都可以栽植。在春季干旱且无灌溉条件的地方秋栽成活率较高；冬季严寒的地区适于春栽，春栽可在土温达到 8～10℃时进行，最迟不应晚于萌芽。

5. 定植方式

（1）秋苗定植　在已挖好的定植沟内，按设计好的株距挖 30～40 厘米深、宽的栽植坑，施入少许磷酸二铵或其他速效性氮肥，然后将浸泡蘸好泥浆的葡萄苗木放在坑中。苗木根系要充分舒展，逐层培土，当填土超过根系后，用手轻轻提起苗木抖动，使根系周围不留空隙，然后填土至坑满，踩实，灌足水。待水渗下后在苗木顶部用土培成高 4～5 厘米、直径 15 厘米左右的小土堆，其上再覆地膜。嫁接苗的接口处一般要高于地面 3～5 厘米，以防止接穗生根（图 1）。

（2）绿苗定植　苗木达到"三叶一心"以上的标准。定植时

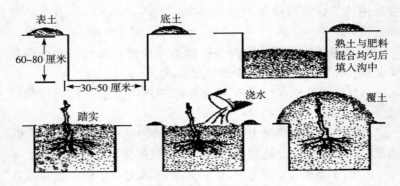

图 1　秋苗定植示意图

先将塑料袋剥去，然后左手托住带土团的幼苗，不使土壤松散开，右手用铲在划定的株行距位置挖浅坑，随即连同土团把幼苗栽入浅坑内，栽植深度应使幼苗根颈略高于地表，最后用铲把土整平、压实，并及时浇 1 次透水。定植后 20 天内，若气温过高，必要时应采用带叶树枝遮阴（图 2）。

图 2　营养袋苗定植
方式示意图

（3）深沟栽植　在冬季严寒的东北和西北地区采用深沟浅坑或深坑栽植可防止根部受冻。栽植前先挖 30～40 厘米深沟，葡萄栽植和生长在沟中。

（六）架材设立

葡萄架主要由立柱、横梁、铁丝、锚石等材料组成，常用架材有木材柱、石柱、水泥柱。

1. 篱架　一般篱架栽植的葡萄行长 50～100 米，每隔 6 米左右立一根支柱（中柱），埋入土中深约 50 厘米，行内所有立柱要求高度相同，并处于行内的中心线上，偏差不超过 10 厘米，中柱应垂直。每行篱架两端的边柱要埋入土中深 60～80 厘米以上。

固定边柱的方法主要有两种：一是用锚石固定，在边柱外侧约 1 米处，挖深 60～70 厘米的坑，坑里埋入约 10 千克的石头，在石头上绕 8～10 号的铅丝，铅丝引出地面并牢牢地捆在边柱的上部和中部；另一种方法是用撑柱（直径 8～10 厘米）固定。立柱埋好后，在上面拉铅丝。先将铅丝固定在行内一端的边柱上，然后用紧线器从另一端拉紧，拉力约保持在 50～70 千克。葡萄园架材用料以行距 2.5 米、行长 90 米，行内每间隔 6 米竖一立柱，架高 2～2.5 米计算，每公顷需中柱 675 根，边柱 90 根，铅丝约 16 500 米。

2. 小棚架 一般架高约 2 米，先在地块的四个角处各设一根角柱，再在四周边设立边柱，每根立柱之间距离约 5 米。将角柱和边柱倾斜埋入土中 50～60 厘米（柱子与地面呈 60°角），用锚石固定。用两股粗铅丝［8 号（直径 4.06 毫米）或 10 号（直径为 3.25 毫米）］将四周的边柱联系起来，拉紧并固定，形成周线或边线，南北或东西相对的两根边柱之间用 8 号（直径 4.06 毫米）铅丝拉紧，形成干线，最后再在边线和干线之间每隔 40～50 厘米拉一道铅丝［12～15 号（直径为 2.64～1.83 毫米）］，纵横交错形成网状。

二、果园改造

（一）选择优良品种

选择适合当地生态环境、丰产、抗性强的品种进行改接换种。如年降雨量在 700 毫米以上地区，可选择亚都蜜、峰后、高妻、户太 8 号、京优、黑奥林等抗病性强的早、中熟品种；年降雨量在 700 毫米以下地区，选择森田尼无核、郑果大无核、克瑞森无核、圣诞玫瑰等早、中、晚熟欧亚种品种。

（二）整形改造

对于新引进品种因管理不良形成的"小老树"、"脱节树"，除了要加强土壤改良、增施肥料、有效防治病虫害外，特别要对整个树体进行全方位的改造。可从基部平茬促发强壮新梢重新培养树形，也可在原主蔓上选一个强壮新梢作为延长梢，重新培养树形。管理要勤中耕除草，促进根系生长，提高根系的吸收能力。冬季埋土时要加大埋土范围、厚度，经过 1～2 年改造，可变成优质丰产园。

（三）增株加行，提高土地有效利用面积

老园行距多在 8～12 米，株距 3～4 米，春季出土后每株间

距压主蔓 1～2 根，使株距变为 1.5～2 米，并在行间再栽 1 行，增加密度。行间更新主要针对树龄在 5 年左右且行间距较宽（4米以上）的葡萄园。

具体做法：冬剪时对原葡萄植株进行疏剪，除去衰弱有病的植株，留下的健壮植株也尽量少留芽，同时在原葡萄行间开沟施入农家肥，灌冬水。来年在原葡萄行间开沟处栽上更新品种的苗木，最好用嫁接苗。这样前 1～2 年老品种和新栽苗木同时生长。待第 3 年，将老树全部挖除。

（四）架式改造，增产增效

一部分篱架葡萄园植株长势很强，但行距较小（2.0～2.5米），导致园内通风透光差，果实日灼严重，生产管理难度大，产量逐年下降。架式可由单壁篱架改为小棚架，增加结果面积，增加单产，便于果穗管理，防止日灼，提高葡萄品质。

具体方法是：隔 1 行伐 1 行，但立柱不去除，剩余行每行建立 1 个棚面，以所伐行的立柱为中间支撑，建立棚面的 4 根立柱上以及对角拉 2 道 8 号铁丝或架松木杆，然后利用原有第 4 道铁丝横拉 4～5 道铁丝与对角铁丝编成棚面。上架葡萄在保持架面中短梢修剪基础上，每株葡萄选留 2～3 根 1 厘米以上粗壮枝条，作为延长枝条长放上棚。第 1 年保持在第 4 道铁丝以上 10 厘米左右反复摘心，以促壮枝蔓。冬剪时，在基部留粗壮新枝，顶部留 1～2 副梢，使其向前延伸。第 2 年春天，在延伸枝条上选留新梢长放至 1.0～1.2 米时摘心促壮，其余新梢按 10～15 厘米距离留 1 个结果部位。第 3 年长放延长枝条可铺满架面，在延长枝形成主蔓上每隔 10 厘米左右留 1 新梢作结果枝，在结果母枝上根据枝蔓长势强弱和分布疏密进行疏芽，在冬剪时除主要延长枝外，一般枝条要进行短梢或极短梢修剪，每个结果枝上留 1～2个芽，至多 3～4 个芽，并及时疏除密枝、病枝和不成熟枝，同

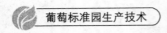

时注意结果枝的更新和肥水供给及病虫防治。

（五）嫁接改良

用嫁接换头技术改造老葡萄园成活率高，既省钱又省工，还可在短时间内实现品种更新，见效快，是一种值得推广的好方法。

1. 多头改接处理老植株　针对一些树龄在 10 年左右，树势较旺，且 1 米以下枝蔓无损伤，无病虫害的葡萄园，冬剪时，按正常架面修剪，一年生枝留 3～4 芽，短截后抹去弱芽，以便春夏季进行多头改接。

2. 老树平茬改接　主要针对树龄大于 10 年，树势衰弱或枝蔓太粗不易埋压或枝蔓有机械损伤、有病虫危害的葡萄园。在冬剪时将老蔓从地面处截断，或在有空缺苗处，将靠根部分留下的一年生枝剪留一定长度，在葡萄行向上挖一深、宽各 20 厘米的浅沟，把枝条压入沟内或直接将老蔓埋在沟内，待开春后嫁接。

3. 春季硬枝嫁接

（1）接穗准备　采集接穗的时间应在葡萄落叶后，接穗从品种纯正、植株健壮的结果株上的营养枝上采集。接穗选择充分成熟、节部膨大、芽眼饱满、无病虫的一年生枝条。按每 50 根或 100 根种条一捆，捆扎整齐，做好标记，入沟埋藏。地温升至 10℃时转入冷库保存。嫁接前 1 天取出接穗，用清水浸泡 12～24 小时，使接穗充分吸足水分。

（2）嫁接时期与方法　嫁接时间要在伤流之前进行，嫁接前的土壤要浇足水分。在砧木枝条横切面中心线垂直劈下，深 2～3 厘米。接穗选择 1～2 个饱满芽，在顶部芽以上 2 厘米和下部芽以下 3～4 厘米处截取。在芽下两侧分别向中心切削成 2～3 厘米的长削面，削面务必平滑，呈楔形。随即插入砧木劈口，对准一侧的形成层，然后用宽 3 厘米、长 20 厘米的塑料薄膜，由砧木切口最下端向上缠绕至接芽处，包严接穗削面后向下反转，在砧木切口下端打结。在接芽萌发前，在芽上方用刀片将包扎带划破1小口，以便新梢伸出。

4. 夏季绿枝嫁接

（1）采集接穗　绿枝嫁接用的接穗，采用半木质化新梢或副梢。剪下后，立即去除叶片，仅保留1厘米长叶柄，保湿存放。最好就地采集，随采随接。尽量做到当天采的接穗当天嫁接完毕。若用不完，应将接穗用湿毛巾包好，放在3～5℃低温阴凉处保存。嫁接时间：以接穗和砧木的新梢达到半木质化时间为标准。

（2）嫁接方法　选取半木质化的绿枝，从下往上用半面刀片切取一节4～5厘米长的新梢茎段作接穗，在芽的上方2厘米处平剪，在芽的下方两侧1厘米处以下切削成长2～3厘米的对称楔形削面，立即放在瓷盆内用湿毛巾包起，以防失水。然后选取与接穗粗细大致相同的砧木，在离地表30厘米左右处切断，从断面中间垂直劈开，劈口略长于接穗削面的长度，随即把削好的接穗轻轻插入，使接穗削面最上部留有1～2毫米露出在砧木劈口的上面（俗称"露白"），并将砧、穗形成层对齐，如粗度不等，至少其中有一侧形成层务必对齐。接后立即用塑料条将接口从下往上包扎严密，并用小块白胶布把接穗芽上切口和叶柄切口封严。

5. 嫁接后的管理　嫁接前2～3天，灌1次透水。嫁接后2～3天内要经常浇水，保证植株液流旺盛，促进愈伤组织的形成。嫁接后，砧木要反复除萌，及时摘除所有的生长点，集中营养促进嫁接新梢迅速生长。成活的新梢枝条长到50～60厘米时第一次摘心，并及时上架，促进新梢粗壮成熟。当新梢摘心时，解除塑料条，防止影响枝条的加粗生长。

三、整形与枝梢管理

(一) 幼树管理

绑蔓整形：当新梢长到 15 厘米时，每株只留蔓一个，其余摘除，对枝蔓进行绑缚使其沿杆生长；当新梢长到 80～100 厘米时摘心，以后上部只留一个副梢让其生长，过高时适当短截；下部副梢只留一片叶子进行反复摘心，促进枝蔓加粗生长（图 3）。

图 3　幼树绑缚方式示意图

(二) 架式

目前我国各地葡萄栽培所采用架式基本上可分为篱架和棚架两大类型，架形有 T 形、V 形、H 形、X 形等，南方、北方有所区别。选择架形架式一定要根据本地区的土壤条件、地势、气候特点、品种特性。

1. 篱架　篱架是栽培上较为常用的架式，便于管理，通风透光好，适于机械化操作，适用于干旱地区及生长势较好的品种。篱架分为单篱架和双篱架两个类型。

(1) 单篱架　适用于行距较小的葡萄园，在山坡地或干旱地区栽培或生长势弱的品种。在葡萄行内沿行向每隔5～6米设立一根支柱，架高1.5～2.0米，在支柱上每隔40～50厘米拉一道横线（一般用8号或10号铅丝）。单篱架的行距应依据架高而定，平原地区架高应1.7～1.8米为宜，行距应在2～2.3米，行距太小易造成下部遮光现象，不利下部果实着色（图4）。

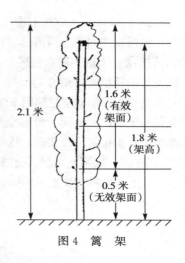

图4　篱　架

(2) 双篱架　通风透光条件不如单篱架，管理和机械化操作不方便，且用架材多，投资大；优点是有效架面较大，产量高，葡萄质量好。在葡萄定植穴的两侧沿行向各设立一行单篱架，植株定植在两行的中心线上，枝蔓向两侧均匀引缚。一般架高1.7～2.2米，壁基部间距为50～70厘米，上部为80～100厘米，呈倒梯形。两壁上同样每隔40～50厘米拉一道横线，行距3米（图5）。

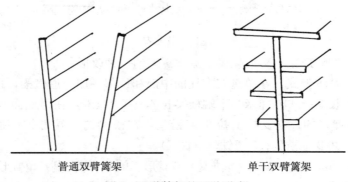

普通双臂篱架　　　　　　单干双臂篱架

图5　双臂篱架的两种形式

（3）T形架 在立柱上拉1~2道铅丝，在横梁两端各拉一道铅丝，也可在中间再加两道铅丝。这种架式适合生长势较强的品种。葡萄植株栽于T形架的立柱近处，龙蔓绑于中间两道铅丝线上，沿行向生长而新梢与横梁方向平行生长，均匀绑于铅丝上，一部分新梢自然悬垂。T形架立柱间距5米，立柱高1.5米，行距2.5米，T形架葡萄的新梢、叶面、果实全部重量悬于两立柱间架面上，架面所承担的下垂重量比篱架重，特别是T形横梁。要求木制横梁直径应达10厘米，如用金属制品做横梁，圆管直径达6厘米以上，横梁长为1.2米。此种架式夏季修剪管理较为方便（图6）。

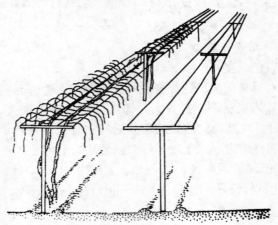

图6 T形架

2.V形架 V形架属于宽顶篱架的一种改形。

基本架式：在单篱架支柱的中部和顶部各加一道横梁，顶端横梁长90~110厘米，下端横梁长45~60厘米，在距地面80~120厘米的直立支柱上拉1道铅丝，在横梁的两端各拉一道铅丝，共2个横梁、5道铁丝（图7）。

适应范围：单干（单龙蔓）双臂形、单干（单龙蔓）单臂形。

特点：受光面增大，新梢留量较多，结果部位较高且一致，

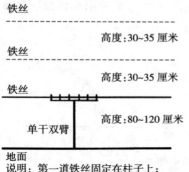

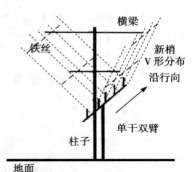

图 7　V形架

通风透光，病害较轻，产量较高，果实品质好。

3. 棚架　生产中常见的有大棚架、小棚架和棚篱架。棚长 7 米以上为大棚架，7 米以下架长的棚架成为小棚架。小棚架以 4～6 米为宜，易早期优质、丰产。

（1）大棚架　架长 10 米以上，每隔 4 米左右设立一根中间立柱，架基部（靠近植株栽植处）高约 1 米，前端高 2～2.5 米，中柱高度也随之从基部向端部逐渐升高。在立柱上设横杆，在横杆上沿行向每隔 50 厘米拉一道铅丝，形成倾斜式棚架面。大棚架常用架形有倾斜式和水平式。大棚架适用于山坡地和庭院，多用于栽植生长势强的品种（图 8）。

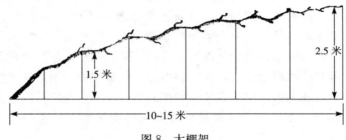

图 8　大棚架

（2）小棚架　一般架长4～6米，生产上常用小棚架（图9、图10、图11）。

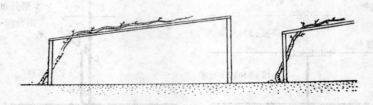

图9　倾斜小棚架

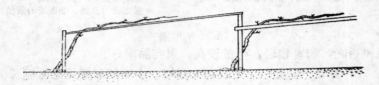

图10　连叠式倾斜小棚架

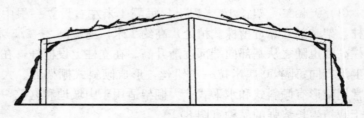

图11　屋脊式棚架

（3）棚篱架　相当于在单篱架外附加一小棚架。架长4～5米，单篱架高约1.5米，棚架前端架高2～2.5米，与单篱架相连形成倾斜棚面，植株在篱架上形成篱壁后还可以继续向棚面上爬，可有效的利用空间，增产潜力大，但篱架面的通风透光性下降，易出现上强下弱的现象。棚架的第一道铅丝与立柱高低保持30～40厘米的距离，使枝蔓从篱架面向棚架面生长时有一定的倾斜度。

（三）整形和修剪

通过合理的整形修剪，可以调节生长和结果的关系，调节树体营养、水分的供应及光照条件，达到连年优质、高产、高效。

1. 整形修剪的原则

（1）品种特性 每一个品种都具有特有的生长和结果习性，在整形修剪时遵循品种特性，合理修剪。对生长势强的品种如巨峰系品种、牛奶、龙眼等品种，应适当稀植，采用较大株形；对生长势较弱的品种如一些欧洲种品种，可适当密植，采用较小株形。

（2）栽培地区的自然条件 冬季不需埋土，夏季高温高湿、病虫害滋生严重的地区，宜采用有较高主干的整形方式；北方冬季需埋土防寒地区，采用无主干多主蔓的整形方式，便于下架埋土。

（3）土壤肥水条件好、栽培管理水平较高的地区 采用高产整形，否则，应选择负载量较小的整形修剪方式，以免造成树形紊乱或树体衰弱。

（4）栽培用途 用于酿酒原料或机械采收不宜用棚架，必须采用篱架规则树形。

2. 主要整形方式

（1）无主干整形

1）多主蔓自然扇形 在北方埋土区使用较多。每株留多个主蔓，在每个主蔓上再分生侧蔓或直接着生结果枝组，使其在架面上呈扇形分布。栽植密的或单篱架可采用2～4个主蔓，主侧蔓之间保持一定的从属关系。多采用长、中、短梢结合，以中、短梢为主的冬季修剪方法，以枝条强弱来确定结果母枝的长短。稀植或双篱架、棚架可留更多主蔓。在选留结果母枝时，应适当疏去一部分植株上部的强壮枝条，以利中下部枝条正常生长；上

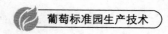

部强枝结完果后，应及时回缩更新（多主蔓自然扇形修剪后如图12所示）。

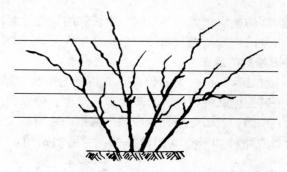

图 12 多主蔓自然扇形

整形方法：定植当年从植株基部选留数个健壮新梢留作主蔓，冬剪时每一主蔓剪留50～60厘米（第一道铅丝附近）。第二年春天再在每一主蔓上选留2～3个新梢作为侧蔓或直接作结果母枝。

2）多主蔓规则扇形 配置较严格的结果枝组，每个枝组上选留一个结果母枝和一个预备枝；结果母枝要求生长健壮、成熟良好，作中短梢修剪，一般剪留2～4节（视枝条的强弱和植株的负载量而定）。结果母枝上发出的新梢作结果枝，结完果后，一般应从结果母枝的基部剪去。预备枝要求短剪，一般剪留2～3节，其位置应在结果母枝的下方。预备枝上发出的新梢，留2个新梢，一为结果，一为预备，冬剪时仍一长（上方）一短（下方）修剪，形成新的结果枝组和预备枝（图13）。

3）篱架水平形整枝 对于生长势旺的品种，宜采用水平整形。主蔓水平引缚于铅丝上，单层或多层，单臂或双臂均可，多用于篱架，易控制树势，便于管理。定植当年在植株基部选1～2个新梢培养成主蔓，冬剪时留1.5～2米。第二年春天水平引缚到铅丝上，单臂的向一个方向引，双臂的向左右两侧对称引，

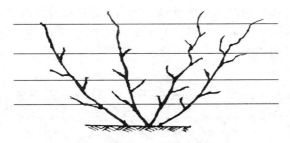

图 13　篱架多主蔓规则扇形

多层的则均匀摆布于各层铅丝的两侧。主蔓上每隔 10～15 厘米留一个新梢结果，其余全部除掉。所留新梢冬剪时均留 2～3 芽短剪，作为下一年的结果母枝，以后每年短剪（图 14）。

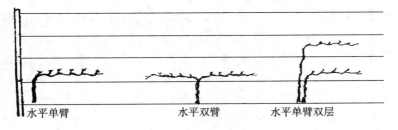

图 14　篱架水平的整枝

　　4）龙干形整枝　北方地区葡萄棚架栽培中传统整形方式。植株留 1 个至多个粗龙干，由地面顺棚架向上爬，在龙干上均匀分布结果母枝组，结果枝每年短剪（1～2 芽），只有龙干先端的延长枝长剪（6～8 芽）。有些老产区用二三条或多条龙干，龙干之间的距离约为 50 厘米，如果肥水条件好，或生长势强的品种，龙干间的距离可以增大到 60～70 厘米或更大。在培养龙干时，为了防寒埋土和出土方便，要注意龙干从地面引出时在基部 30 厘米以下部分的龙干与地面的夹角应在 20°以下，避免龙干基部折断，龙干基部的倾斜方向应与埋土方向一致。龙干形整枝方法也可以用于篱架，每一植株留 1 个至多个主蔓，每个主蔓依"一条龙"方式整形，主蔓之间的间距 50 厘米左右，每一主蔓上留结果母枝的多少依龙干的长短而定，每隔 20～25 厘米留一个结果枝组（图 15）。

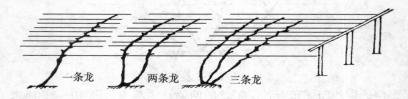

一条龙　　　两条龙　　　三条龙

图 15　龙干形葡萄植株

（2）有主干整形　主干较高（一般 80 厘米以上），植株在篱架横断面上叶幕较宽（1.5 米左右），行距较宽 2.3～3.5 米，植株当年生长的新梢，不用引缚而自由悬垂生长。优点：新梢自由生长，不用引缚，省工、节约架材；通风透光好，不易染病；产量稳定，且品质好。常见的树形有双臂水平龙干形、伞形、H 形、X 形等。

1）双臂龙干形　定植当年选留一个健壮新梢，插支棍直立牵引，冬剪时在 1.5 米左右处短截作主干（剪口粗应在 0.8～1 厘米，否则若过弱，应重新对其留 2～3 芽短剪，第二年再培养主干）。第二年在主蔓顶端选 2 个新梢，向两侧水平引缚于第一道铅丝上，每个新梢长至株距的一半左右时摘心。冬剪时在摘心处短截形成双臂龙干。第三年在双臂龙干上每隔 10 厘米留一个新梢结果，冬剪时留 2～3 芽短剪作结果母枝，结果母枝的间距应为 20～30 厘米。以后每年在每一结果母枝上留 2 个结果枝，结果枝都任其自然下垂，也不需打尖和摘心，冬剪时短剪（图 16）。

2）H 形　架式为 T 形架，架高 2 米，横杆宽 1.44 米。每一植株培养 2 个主干，沿顶端铅丝分别向左右形成两条龙干（沿行向），在龙干上均匀配置结果枝，枝条留 1～3 个芽短剪。第一

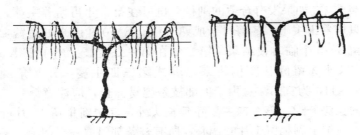

图 16 双臂龙干形

株的两条龙干向 T 形架的一侧分布，第二株的两条龙干向 T 形架的另一侧分布，所以植株的两臂伸展的空间很大，新梢自由悬垂向下生长，在左右两侧形成两道垂帘，便于机械化管理，而且优质丰产（图 17）。

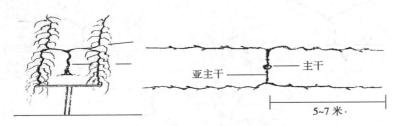

图 17 H 形

3）X 形　较适用于水平连棚架，是日本栽培巨峰葡萄常用的一种树形，近年在我国南方多雨地区开始采用。有成形快、棚面利用率高、稳产、优质等优点。多采取中长梢修剪。其结果过多易导致树体早衰等缺点。

定植时，将苗木截留 30～40 厘米，当年在顶端选一个健壮新梢，立支柱直立引缚，培养成主干。当新梢长 1.5 米以上时摘心，使其发出副梢。只留先端离架面 30～50 厘米处的两个副梢，其余的全抹掉。将这两个副梢向对应的两个力向引缚，第一副梢将来延伸为第一主蔓，第二副梢将来延伸为第二主蔓，两个主蔓的长势和粗度在第一年以 7：3 为好，以后逐年培养并维持成

6∶4左右。如果没有合适的副梢，也可在第二年再培养主蔓，当年只培养出主干。冬剪时于成熟节粗0.8～0.9厘米处短截，适当留3～5个临时枝结果。第二年在第一二主蔓上离主干1.5～2.5米处选留健壮新梢将来培养成第三四主蔓，分叉角度以100°～110°为宜。注意由于上部枝条容易徒长，应注意第一二主蔓的长势分配。第一二主蔓除延长头外，其余新梢留10片叶摘心，新梢上副梢留1片叶摘心，所有枝条都引缚在平网上。冬剪时每一主蔓上各留2～3个枝条。以后逐年在4个主蔓上配置侧蔓和枝组。每个主蔓上配2～3个侧蔓，在主、侧蔓上左右交替着生枝组（图18）。

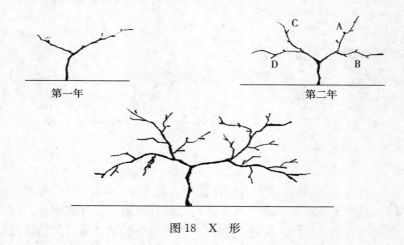

第一年

第二年

图18 X 形

（四）冬季修剪

在埋土防寒地区，冬季修剪一般在下架以前完成（11月上旬）。不埋土地区，整个休眠期都可以修剪，但过早修剪，树体耐寒性降低；过晚伤流，一般在早春伤流开始前1个月左右完成为好。

1. 剪留长度 按结果母枝的剪留长度分为极长梢（12 芽以上）、长梢（8～11 芽）、中梢（4～7 芽）、短梢（2～3 芽）。极短梢（1～2 芽）修剪。生产上多采用长中短梢结合修剪的方法。传统的独龙干形整枝方式多采用短梢修剪；规则扇形则应是一长一短。在实际应用中，应根据枝条的势力、部位、作用、成熟情况等决定其剪留长度。原则上强枝长留，弱枝短留；端部长留，基部短留。此外，还必须考虑树形和品种特性等。一些结实能力强的品种如玫瑰香，基部芽眼充实度高，可采用中短梢修剪，而对生长势旺、结实力低的品种如龙眼应多采用中长梢修剪。

2. 结果母枝的留枝量 根据品种不同，可以采取冬剪时稍多留、生长季再定新梢数量或在冬剪时一次定母枝数量的方法。结果母枝的数量根据品种的结果习性、与当地气候条件是否有晚霜危害、目标产量、栽植密度等诸多因素加以推算。

3. 枝蔓更新 结果母枝的更新一般采用双枝更新和单枝更新两种方法。

（1）双枝更新 两个结果母枝组成一个枝组，修剪时上部母枝长留，翌年结完果后去掉，基部母枝短留作预备枝，翌年在其上培养一两个健壮新梢，继续一长一短修剪，年年如此反复，保持植株结果枝数量和部位相对稳定（图 19）。

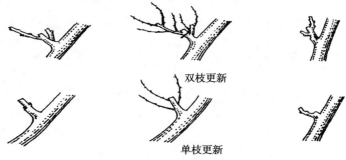

双枝更新

单枝更新

图 19　结果母枝的更新

（2）单枝更新　不留预备枝，只对一个结果母枝修剪，翌年再从其基部选一个新梢继续作结果母枝，上部的枝条则全去掉。生产上行中短梢修剪时一般多采用单枝更新方法，但行中长梢修剪时，应注意在基部留预备枝。

（3）老蔓的更新　从植株基部的萌蘗枝或不定枝中选择合适的枝条预先培养，再逐步去掉需更新老蔓，用新蔓取而代之。注意不能一次更新过多大蔓，可逐年进行。

四、土肥水管理

（一）土壤管理

土壤管理制度有清耕法、生草法、间种法、覆盖法等，生产上可交替或多重并用。

1. 清耕法 葡萄园中不间作其他作物，生长季节有 3～4 次中耕，在坡地及降雨多且强度大的地方要避免过多清耕。

2. 生草法 葡萄行间不进行耕作，选择生长低矮但生物量较大，覆盖率高，须根性为主，无粗大主根或主根分布浅，没有与葡萄相同的病虫害，耐阴、耐践踏的草种生草，或是利用葡萄园自然杂草或播种矮生禾本科、豆科等植物，每年定期收割，就地覆盖或作为绿肥埋土回田。

3. 覆盖法 利用地膜、作物秸秆等覆盖地面，减少地面蒸发，抑制杂草生长，作物秸秆分解后成为有机质，提高土壤肥力。因覆盖后，土壤温、湿度适宜根系的生长，易使葡萄根系上浮，降低葡萄抗寒性。

4. 间作法 间作可提高葡萄园经济效益，特别是幼龄期经济效益。间作物要选植株矮小，生育期短，与葡萄无共同病虫害，不与葡萄产生剧烈水养竞争，有较高经济价值的作物。常用间作物有草莓、西瓜、甜瓜、花生、苜蓿、加工番茄及各种叶菜类蔬菜等。

5. 深翻土壤 每隔 3 年，初秋在距离根系密集分布区的边缘进行深翻，深度最好达到根系密集分布区以下，结合施入腐熟的有机肥。

（二）施肥技术

葡萄园施肥主要有基肥、追肥和叶面喷肥。

1. 基肥

（1）施肥时间及种类 以秋施为主，也可在春季出土上架后进行，在采收后 1 周开始施用基肥。基肥以有机肥为主，可使用各种腐熟的农家肥和商品性有机肥。对葡萄来说羊粪是有利于提高品质的有机肥，鸡粪的氮素含量最高。

（2）施肥方法 采用穴施、沟施、环状或放射状施均可。

沟施：每年在栽植沟两侧轮流开沟施肥，并且每年施肥沟要逐渐外扩。棚架栽培葡萄一般离植株基部 50~100 厘米，挖宽、深各 40 厘米左右。篱架栽培葡萄要求施肥坑距葡萄 40~50 厘米，施肥坑深 40~50 厘米，宽 30~50 厘米，可以根据基肥的数量确定。每年改变施肥坑地点，3~4 年在葡萄植株四周完成循环 1 次。

穴面撒施：可先把穴面表土挖出 10~15 厘米厚一层，然后把肥料均匀撒入池面，再深翻 20~25 厘米厚一层，把肥料翻入土中，最后用表土回填。也可把腐熟的优质有机肥均匀撒入穴面，深翻 20~25 厘米。

（3）施肥量 以果产量定有机肥施用量可按 1：2 施肥，即 1 千克果施 2 千克有机肥。亩产 3 000 千克的葡萄园，腐熟的有机肥每亩需 6 000 千克，商品性有机肥一次不宜少于 5 000 千克。将肥料均匀施入沟内，并用土拌好，然后回填余土，施肥后灌水。

2. 追肥 追肥方法分为土施追肥和根外追肥（叶面喷肥）

两种。

(1) **追肥时期**　根据树体的需求一般葡萄园分为 5 个时期追肥，对于保肥性差的土壤、坡地、降雨量大的地区建议少量多次。

萌芽前：以速效性氮肥为主，配合少量磷、钾肥。

新梢旺盛生长期：约在萌芽后 20 天，以施速效性氮、磷为主，配合施适量钾。易落花的品种不宜在花前追施氮肥。

幼果期：平衡施用各种养分，不仅要补充氮、磷、钾，而且要补充中微量元素。

浆果转色至成熟期：此次应以施钾肥为主，配合施磷肥，一般不施氮肥。

采后肥：施基肥或加施葡萄专用复合肥。结合灌水使树势恢复，增加树体贮藏营养。

(2) **追肥方法**

1) **土施追肥**　施肥方式宜沟施，前期浅，后期深。任何时候均避免表面撒施。氮肥（尿素等）可在池内两株葡萄间开浅沟把肥料施入，覆土后立即灌水。或在下雨前将肥料均匀撒在池面上，肥料遇雨水溶解进入土壤中。磷、钾肥由于在土壤中不易移动，应尽量多开沟深施。另外葡萄园还可追施人粪尿或鸡粪，随灌水流入池面内，既省工又施肥均匀，利用率高，并有改良土壤作用。

2) **叶面喷肥**　除土壤追肥外，也可进行叶面追肥。尿素、磷酸二氢钾等常用浓度为 0.3%～0.5%。喷施时间以无风的早晨和傍晚为好，避开高温高光照时段，防止喷施溶液蒸发过快，引起伤害；喷施重点是叶背，以利于吸收。在施肥量大的葡萄园适当减少土壤施肥，增加叶面喷肥。

(3) **追肥量**　有机肥施用量充足的情况下，氮、磷、钾等大量元素化肥的施用量：每 100 克混入过磷酸钙 1～3 千克，随秋施基肥施入土壤深层。其他速效化肥按每 100 千克果全年追施

1～3千克。有机肥质量好，可控制在100千克果全年追施1千克以下。

3. 肥料种类

（1）氮肥　选择氮素化肥要考虑土壤酸碱度，在酸性土中尽量避免铵态氮，碱性土里不宜长期使用硝态氮，在中性土壤上建议两种类型的氮搭配使用。叶片喷肥以尿素和硝酸钙交替使用，不要长期使用一种肥料。尿素是目前使用最多的氮化肥。

（2）磷肥　传统的磷肥是过磷酸钙，目前很少能买到优质的过磷酸钙。磷酸二铵是优质磷肥，含磷高达46％，含氮18％左右，因此使用磷酸二铵要减少其他氮肥的用量。

（3）钾肥　目前葡萄生产中大量使用硫酸钾，在酸性土壤上过量使用往往导致土壤酸化；硝酸钾既是钾肥，也是氮肥，可以交替使用。此外，由于葡萄枝叶和作物秸秆及杂草中含有大量的钾元素，建议将枝叶、杂草破碎直接还田或循环利用后还田，以增加钾源。

（三）葡萄园灌溉

1. 灌水时期　一般葡萄园灌水根据葡萄年生命周期对水分的需求，结合土壤水分状况进行灌水。

（1）催芽水　北方埋土防寒葡萄生产区，一般春季、初夏土壤往往较干旱，在葡萄出土后，马上灌肥水。灌水量以湿润50厘米土层即可。长城以南轻度埋土区，在葡萄出土前后、早春气温回升后，顺取土沟灌1次水，防止抽条。南方非埋土区应视降雨情况在萌芽前灌好催芽水。

（2）开花前灌水　一般在开花前5～7天进行，促进新梢的生长。从初花期至末花期的10～15天时间内，葡萄园应停止供水。否则会因灌水引起大量落花落果，出现大小粒及严重减产。

（3）浆果膨大期灌水　从开花后10天到果实着色前这段时

间，果实迅速膨大，枝叶旺长，外界气温高，叶片蒸腾失水量大，植株需要消耗大量水分，一般应隔 10～15 天灌水 1 次。只要地表下 10 厘米处土壤干燥就应考虑灌水，以促进幼果生长及膨大。

（4）浆果着色期控水　从果实着色后至采收前应控制灌水。如果灌水过多或下雨过多，将影响果实着色、延迟着色，或着色不良，降低品质和风味，也会降低果实的贮藏性。此期如土壤特别干旱，忌灌大水，避免裂果。

（5）采收后灌水　在采收后应立即灌 1 次水，此次灌水可和秋施基肥结合起来，可延迟叶片衰老，促进树体养分积累和新梢及芽眼的充分成熟。

（6）秋冬期灌水　东北地区的葡萄在冬剪后埋土防寒前应灌 1 次透水，保证植株安全越冬。对于沙性大的土壤，严寒地区在埋土防寒以后当土壤已结冻时最好在防寒取土沟内再灌 1 次封冻水，以防止根系受冻，保证植株安全越冬。

2. 灌水方法　目前生产上灌水主要采取沟灌或畦灌，每次灌水量以浸湿 40 厘米土层为宜，因此灌水前要整理池面，修好池埂，防止跑水。现代化的滴灌、渗灌、微喷已开始在葡萄园应用，对提高产量和品质、节约用水起到良好作用，应大力推广应用。

3. 排水　葡萄园水分过多会出现涝害，在地势低洼、土壤黏重或降雨量较大的地区，需要在葡萄行间和四周建立排水渠道，将多余水分排出，保证葡萄正常生长。对于多雨的南方地区或北方低洼盐碱地的葡萄园，如没有三级排灌系统，则不能种植葡萄。

五、病虫害防治

（一）预防为主，综合防治

1. 中耕 把遗留在地面上的病残体、越冬病原物的休眠体等，翻入土中。

2. 轮作措施 轮作可防病、防虫，控制土传病害、专性寄主的病虫害。

3. 合适的种植密度和架势 过密造成葡萄园郁闭，有利病虫害发生。

4. 合理施肥和灌水 增施磷、钾肥有利于葡萄抗病。

5. 除草、种草、覆草 铲除田间杂草，可以减少某些病虫的来源。

6. 田间卫生 落叶后、冬季修剪后，把田间的叶片、枝条、卷须、叶柄、穗轴等清理干净，集中处理（深埋或沤肥、烧毁等）。

7. 种植脱毒苗木 选择和种植脱毒苗木，是防控病毒病害的重要措施。

8. 选择抗病品种 是病虫害防治的重要途径，是最经济有效的方法。

9. 生物防治 利用芽孢杆菌防治灰霉病、白粉病等；利用金小蜂、赤眼蜂等寄生性天敌，防治葡萄上的害虫；在葡萄上用仿生制剂灭幼脲 1 号、灭幼脲 3 号防治鳞翅目的害虫。

10. 物理与机械防治 在葡萄园，人工去除病组织、热处理、日晒、诱杀、阻隔分离是防治某些病害最有效的措施。

（二）葡萄生长发育不同关键时期的化学防治措施

1. 落叶前后至发芽前

（1）**落叶前后使用的药剂** 一般为硫制剂或铜制剂，针对落叶和枝条，杀灭休眠期病菌。可以在开始落叶时、冬季修剪后各使用 1 次；对于清园比较认真的田块，只使用 1 次，于冬季修剪后使用。

（2）**发芽前的药剂使用** 不同的地区、不同的情况应区别对待。在芽萌动后（绒毛期至展叶前）需要防治的主要病虫害有白粉病、毛毡病；虫害中的绿盲蝽、叶蝉、红蜘蛛类、介壳虫等；埋土防寒地区的白腐病等。一般情况下使用硫制剂，如石硫合剂、硫的悬浮剂、硫黄 WDG 等，建议使用 3～5 波美度的石硫合剂。在春季发芽前后干旱期使用（雨水稀少的地区使用），效果明显。发芽前后雨水比较多的地区，使用铜制剂〔如 1∶0.7∶100 倍波尔多液或 80% 水胆矾石膏（波尔多液）200～300 倍等〕。

（3）**其他措施** 发芽前，用石灰涂白主蔓，用生物胶涂抹枝蔓防治星毛虫、粉蚧等；结合田间作业，消灭葡萄架（包括桩）上的越冬卵块（如斑衣蜡蝉），可以作为防治虫害的辅助性措施。

2. 葡萄发芽后到开花前病虫害防治 一般情况下，开花前有 4 个防治时期，根据葡萄园的具体情况和气象条件，使用 1～4 次农药。

（1）**第一时期** 2～3 叶期，是防治红蜘蛛、毛毡病、绿盲蝽、白粉病、黑痘病的重要防治期。

可以使用的药剂：

防治红蜘蛛、毛毡病：使用杀螨剂，如阿维菌素、哒螨灵、苦参碱等。

防治绿盲蝽：使用杀虫剂，如 10％高效氯氰 2 000～3 000倍液，或辛硫磷、吡虫啉、苦参碱等。

防治白粉病：使用三唑的杀菌剂和硫制剂，如 12.5％烯唑醇 2 500 倍液、10％嘧菌酯 600～800 倍液、50％保倍福美双 1 500倍液、10％美铵 600 倍液、40％氟硅唑 8 000 倍液等。

防治黑痘病：使用杀菌剂，如 80％水胆矾石膏（波尔多液）400～600 倍液，或亚胺唑、稳歼菌、烯唑醇、苯醚甲环唑等。

防治炭疽病：使用杀菌剂，如 10％美铵 600 倍液、80％水胆矾石膏（波尔多液）400～600 倍液等。

防治霜霉病：使用杀菌剂，如 80％水胆矾石膏（波尔多液）400～600 倍液，或金科克等。

（2）第二时期　花序展露期，是防治炭疽病、黑痘病、斑衣蜡蝉、缺硼症的重要防治期，可以使用的药剂与 2～3 叶期药剂基本相同。

北方产区、西部产区葡萄园：一般根据虫害情况可补充使用 1 次杀虫剂，一般不使用杀菌剂；对于病害压力大的葡萄园，可以根据气象条件使用 1 次保护性杀菌剂。

南方葡萄园（露地栽培巨峰系品种）：避雨栽培一般补充使用 1 次杀虫杀螨剂；露地栽培虫害和病害比较轻的葡萄园使用 80％水胆矾石膏（波尔多液）400～600 倍液。炭疽病比较重的葡萄园使用 80％福美双 1 000 倍液或 25％脒酰胺 800 倍液。

黑痘病、白腐病、炭疽病比较重的葡萄园：用 40％氟硅唑 8 000倍液＋80％水胆矾石膏（波尔多液）400 倍液。黑痘病、炭疽病、霜霉病比较重的葡萄园，使用 80％水胆矾石膏（波尔多液）400～600 倍液（＋霜霉病内吸性药剂）。一般葡萄园一旦有斑衣蜡蝉，应加入杀虫剂，80%水胆矾石膏（波尔多液）400～600倍液＋杀虫剂。

（3）第三时期　花序分离期，是防治灰霉病、黑痘病、炭疽病、霜霉病、穗轴褐枯病的最为重要防治期。有斑衣蜡蝉的葡萄园，结合使用杀虫剂。是补硼最重要的时期，有缺硼引起的大小粒、不脱帽、花序紧等问题的葡萄园，使用20%多聚硼酸（或盐）2 000～3 000倍液。

可以使用的药剂：一般使用高质量的保护性杀菌剂；根据去年田间情况、当年气象条件，配合使用对应的内吸性杀菌剂。

具体措施：一般情况，使用高质量、广谱性保护性杀菌剂，如50%保倍福美双1 500倍液＋20%多聚硼酸钠（保倍硼）2 000～3 000倍液。

（4）第四时期　开花前2～3天，是灰霉病、黑痘病、炭疽病、霜霉病、穗轴褐枯病等病虫害的防治期，也是补硼最重要的时期之一。

可以使用的药剂：

50%多菌灵600倍液或70%甲基硫菌灵800倍液：能同时防治灰霉病、黑痘病、炭疽病、穗轴褐枯病，广谱但药效普通，在关键期使用会有关键作用。

50%异菌脲1 200～1 600倍液：对灰霉病、穗轴褐枯病有效。

50%金科克3 500倍液：防治霜霉病特效。在霜霉病早发时使用。

40%嘧霉胺800～1 000倍液：防治灰霉病的优秀药剂。

10%多氧霉素1 500倍液：防治穗轴褐枯病、灰霉病的药剂。

50%啶酰菌胺1 200～1 500倍液：防治灰霉病。

20%多聚硼酸钠（保倍硼）2 000～3 000倍液：补硼，解决缺硼引起的大小粒、不脱帽等问题。

3. 葡萄花期的病虫害防治

（1）烂花序、烂花梗　花序分离期、开花前2～4天，使用40％嘧霉胺800倍液＋10％多氧霉素1 200倍液。

（2）大小粒　花序分离期、花前2～4天使用药剂，防治病虫害；使用硼肥（花前补硼）、锌肥（花前、花后补锌）；控制枝条旺长：调控氮肥供应、化学药剂调控、绑梢等措施。

（3）花梗、轴变黄、变脆、干枯　发生霜霉病，42％代森锰锌400～600倍液＋50％金科克2 500倍液等；发生白粉病，10％美铵600倍液或50％保倍2 500倍液或12.5％烯唑醇3 000倍液等。

（4）突发性虫害　发现金龟子为害，立即喷洒杀虫剂。比如使用10％高效氯氰乳油2 000～3 000倍液。也可以选择有驱避作用的药剂。

4. 葡萄落花后到套袋前病虫害防治

（1）落花后第1次农药　应重视预防，防治病害以保护性杀菌剂为基础，根据具体情况配合使用内吸性杀菌剂。

一般情况下使用50％保倍福美双1 500倍液；感灰霉病的品种，使用50％保倍福美双1 500倍液＋40％嘧霉胺800倍液，或50％保倍福美双1 500倍液＋70％甲基硫菌灵800～1 000倍液；干旱地区，使用70％甲基硫菌灵800～1 000倍液。去年果穗腐烂比较严重的葡萄园：50％保倍福美双1 500倍液＋40％嘧霉胺800倍液＋20％苯醚甲环唑3 000倍液。

（2）特殊情况区别对待　白腐病、白粉病、黑痘病为重点的葡萄园：50％保倍福美双1 500倍液＋40％氟硅唑8 000倍液；炭疽病、白粉病为重点的葡萄园：50％保倍福美双1 500倍液＋70％甲基硫菌灵800～1 000倍液；霜霉病早发的地区，炭疽病和黑痘病也是重点，这些葡萄园：50％保倍福美双1 500倍液＋70％甲基硫菌灵800～1 000倍液＋50％金科克3 000倍液（80％乙磷铝600倍液或80％霜脲氰3 000倍液或25％精甲霜灵3 000

倍液）；透翅蛾发生地区，叶蝉、介壳虫、蓟马等虫害危害地区或葡萄园：50％保倍福美双 1 500 倍液＋10％高效氯氰 3 000 倍液（或吡蚜酮或联苯菊酯或吡虫啉）；红蜘蛛、毛毡病危害的地区或果园，增加使用杀螨剂，如 50％保倍福美双 1 500 倍液＋20％哒螨灵 3 000 倍液（或其他杀螨剂）。

（3）葡萄落花后的第 2 次用药　是防治炭疽病、黑痘病、白腐病、南方（或多雨）地区的霜霉病、缺硼症、补钙、斑衣蜡蝉、叶蝉等的防治期。一般情况，使用 42％代森锰锌 SC600 倍液＋20％苯醚甲环唑 3 000 倍液（或 40％氟硅唑 8 000 倍液或 70％甲基硫菌灵 1 000 倍液）（红地球、克瑞森、美人指等）；或 42％代森锰锌 SC 600 倍液（巨峰系品种、无核白鸡心等品种）。长江流域及南方地区巨峰系品种，使用 42％代森锰锌 SC600 倍液＋50％金科克 1 500～2 000 倍液。气候比较湿润地区的红地球，使用 50％保倍福美双 1 500 倍液＋70％甲基硫菌灵 1 000 倍液等。干燥地区的红地球，使用 42％代森锰锌 SC600 倍液。避雨栽培，使用 50％保倍福美双 1 500 倍液＋70％甲基硫菌灵 1 000 倍液＋杀虫剂（或 70％甲基硫菌灵 1 000 倍液＋杀虫剂，或 20％苯醚甲环唑 3 000 倍液＋杀虫剂）。果穗腐烂、霜霉病比较重的地区或葡萄园：50％保倍福美双 1 500 倍液＋70％甲基硫菌灵 1 000 倍液＋50％金科克 3 000 倍液。有斑衣蜡蝉、叶蝉的葡萄园，在以上药液中加入杀虫剂，比如 0.3％苦参碱 800 倍液、高效氯氰菊酯 2 000～3 000 倍液、联苯菊酯、吡虫啉、吡蚜酮等。补硼、钙、锌等微量元素：在以上药液中按使用倍数加入微量元素肥料。

（4）落花后第 3 次用药　是防治白腐病、炭疽病、霜霉病重点防治期。一般葡萄园，使用 1 次安全性好的保护性杀菌剂，如 42％代森锰锌 SC600 倍液或 50％保倍福美双 1 500 倍液等。西部干旱地区，花后没有雨水，可以继续省略此次用药。长江流域及南方地区巨峰系品种，保护性杀菌剂＋霜霉病内吸性药剂，如

42％代森锰锌 SC600 倍液＋80％霜脲氰 2 000 倍液。气候比较湿润地区的红地球，42％代森锰锌 SC600 倍液（或 50％保倍福美双 1 500 倍液等）＋40％嘧霉胺 800 倍液（或 70％甲基硫菌灵 1 000 倍液）。干燥地区的红地球，50％保倍福美双 1 500 倍液。

（5）第 4 次及后续防治措施　在套袋前进行果穗处理，药剂处理的配方为：50％保倍 2 000 倍液（＋20％苯醚甲环唑 2 000 倍液＋97％抑霉唑 4 000 倍液）。

5. 套袋葡萄套袋后、不套袋葡萄中后期病虫害防治

（1）以铜制剂为主的杀菌、保护性措施，结合虫害的防治　套袋后一般以铜制剂为主，15 天左右使用 1 次，保护叶片和枝蔓。波尔多液、水胆矾石膏、氢氧化铜、氧氯化铜等，都是可以选择的药剂（之间可交替使用）。

（2）防止霜霉病普遍发生或大发生　雨季，是霜霉病容易大发生的时期。对于发现霜霉病的发病中心和雨季来临时，给予重点防治。在长江流域，6 月初前后；北方产区（河北、河南的中部及北部、山东、辽宁等）、西部产区（陕西中部和北部、山西的南部、宁夏、甘肃等），在 7 月中旬前后，是霜霉病的普遍或大发生的开始点，保护性与内吸性杀菌剂联合使用，是重要的防治措施。

（3）转色期前后酸腐病防治　转色期前后，是防治酸腐病的重要防治期。

用药：在转色期及之后的 10 天左右，使用 2 次 80％水胆矾石膏 400～600 倍液＋杀虫剂（如第 1 次使用 10％高效氯氰 2 000～3 000 倍液＋水胆矾石膏，第 2 次使用 40％辛硫磷 1 000 倍液＋水胆矾石膏）。

紧急处理：发现湿袋（袋底部湿，简称"尿袋"），先摘袋，剪除烂果（烂果不能随意丢在田间，应使用袋子或桶收集到一起，带出田外，挖坑深埋），用水胆矾 400 倍液＋高效氯氰 2 000 倍液＋灭蝇胺 5 000 倍液混合液，涮果穗或浸果穗。药液干燥后

重新套袋（用新袋）。可于地面使用熏蒸剂防治醋蝇。

（4）黑痘病防治　如出现黑痘病感染秋梢，可首先使用12.5%烯唑醇3 000倍液（或10%苯醚甲环唑2 000倍液）＋80%水胆矾石膏400倍液。

6. 套袋葡萄套袋后、不套袋葡萄封穗后病虫害防治

（1）套袋葡萄套袋后的病虫害防治　套袋后应立即使用1次保护性杀菌剂，一般使用50%保倍福美双1 500倍液。雨水少的年份使用80%水胆矾石膏600倍液或波尔多液。之后，以铜制剂为主，15天左右1次，一直到果实采收。

（2）不套袋葡萄，果实生长期的病虫害防治　落花后的前3～4次农药的使用，与套袋葡萄一致。之后，以铜制剂为主，10～15天使用1次（铜制剂要对果实和叶片不产生污染），可以交替使用代森锰锌、福美双等药剂。

封穗前，用10%苯醚甲环唑2 000倍液（或40%氟硅唑8 000倍液）＋40%嘧霉胺800倍液＋80%水胆矾400倍液；成熟期（开始成熟时）：用80%水胆矾600倍液＋10%联苯菊酯2 000倍液＋70%甲基硫菌灵800倍液；上次农药使用10～15天后：使用1次50%保倍福美双1 500倍液（或42%代森锰锌SC 600倍液或42%代森锰锌SC 600倍液＋40%嘧霉胺800倍液）。

在霜霉病发生的危害期（长江流域及南方产区在6月底左右，河北、河南、山东、陕西、山西在7月中旬左右等）：在使用的药剂中，混加50%金科克3 000倍液或80%霜脲氰2 500倍液或25%精甲霜灵2 500倍液。

干旱地区：对于干旱地区，如新疆的吐鲁番、哈密，甘肃的武威、敦煌等地区，白粉病、酸腐病、灰霉病、叶蝉、红蜘蛛等危害突出，使用3次药剂比较合适。

1）落花后　以防治白粉病、叶蝉、红蜘蛛为重点，兼治灰霉病，可以选用50%保倍福美双1 500倍液（或50%多菌灵800倍液）＋40%乙酰甲胺磷800倍液。

2）封穗前　以防治叶蝉、灰霉病、酸腐病为重点，可以选用80％水胆矾600倍液＋10％高效氯氰3 000倍液＋40％嘧霉胺800倍液。

3）成熟期（开始成熟时）　以防治酸腐病为重点，可以单独使用10％水胆矾石膏600倍液＋25％吡蚜酮1 000倍液；也可使用50％保倍福美双1 500倍液＋25％吡蚜酮1 000倍液。

7. 套袋葡萄套袋后、不套袋葡萄果实生长中后期出现问题后的紧急处理

（1）霜霉病发生普遍　发现霜霉病的发病中心，对发病中心进行特殊处理：42％代森锰锌SC 600倍液＋50％金科克2 000倍液；3～4天后80％霜脲氰2 500倍液；上次用药又过3～4天后，80％水胆矾石膏400倍液＋25％精甲霜灵2 500倍液，以后正常管理。霜霉病发生普遍，并且气候有利于霜霉病的发生，全园按照以上方案进行3次药剂处理。

（2）发现酸腐病　发现酸腐病（尿袋），先摘袋，剪除烂果（烂果不能随意丢在田间，应使用袋子或桶收集到一起，带出田外，挖坑深埋），后用80％水胆矾石膏400倍液＋10％高效氯氰2 000倍液（＋灭蝇胺5 000倍液）混合液，涮果穗或浸果穗。药液干后重新套袋（用新袋）。对于葡萄品种混杂的果园，在成熟早的葡萄品种的转色期：用80％水胆矾石膏400倍液＋10％高效氯氰2 000倍液＋灭蝇胺5 000倍液混合液整树喷洒。

（3）黑痘病发生普遍或大发生　首先要尽量去除病组织，而后使用3次药调整。第1次用80％水胆矾石膏400倍液＋40％氟硅唑8 000倍液；7天后（最好不要超过7天），使用80％水胆矾石膏400倍液＋12.5％烯唑醇3 000倍液；又过7天后，用50％保倍福美双1 500倍液。以后使用铜制剂正常管理。

（4）白腐病发生普遍　剪除病穗或病果粒，而后使用10％苯醚甲环唑2 000倍液（或40％氟硅唑8 000倍液）＋42％代森锰锌SC 600倍液喷洒病部位及周围。之后。用50％保倍福美双

1 500 倍液全园喷洒。后使用铜制剂正常管理。

（5）**灰霉病发生普遍**　首先，摘除病果穗，而后全园喷洒防治灰霉病的药剂；对于有个别病粒的果穗，可以摘除病粒、保留病穗，摘除病粒后用防治灰霉病的药剂；对于套袋葡萄，病穗率超过 3％～5％，全园摘袋，摘除病穗或病粒，而后喷洒防治灰霉病的药剂。防治灰霉病的药剂有：70％甲基硫菌灵 WP 800 倍液或 50％多菌灵 WP 500～600 倍液，或 40％嘧霉胺 800～1 000 倍液，或 10％多抗霉素 WP 600 倍液或 3％多抗霉素 WP 200 倍液，或 50％乙霉威＋多菌灵 WP 600～800 倍液，或 50％啶酰菌胺 1 500 倍液。之后，按正常防治。

（6）**炭疽病发生普遍**　发现炭疽病后，摘除病果穗或果粒，而后用 10％美铵水剂 600 倍液喷洒。之后，按正常防治。

8. 葡萄采收后病虫害防治　采收后，应立即使用 1 次保护性杀菌剂，一般使用 1∶0.7∶200 倍波尔多液，也可以使用 80％水胆矾石膏 600 倍液或 30％氧氯化铜（王铜）悬浮剂 800 倍液。之后，以铜制剂为主，15 天左右 1 次，一直到落叶。

9. 根瘤芽防控技术

（1）**种苗、种条的消毒措施**

1）**溴甲烷熏蒸处理**　在 20～30℃条件下，每立方米的（种苗或种条）使用剂量为 30 克左右，熏蒸 3～5 小时，有条件时使用电扇或其他通风设备增加熏蒸时的气体流动。温度低的条件下可以提高使用剂量；相反减少剂量。

温水处理：把苗木上的泥土冲洗干净后放入 40～50℃温水中浸泡 10 分钟后，然后放入 52～54℃温水中浸泡 5 分钟。

烟碱溶液或新烟碱类杀虫剂药液处理：如使用 200 倍 10％烟碱乳油浸泡葡萄苗木、枝条，或使用 300 倍吡虫啉、噻虫嗪等药液浸泡 3～5 分钟。药液浓度一般为田间防控蚜虫类害虫的浓度的 1.5～3 倍。

2）**辛硫磷处理**　使用 50％辛硫磷 800 倍液（20℃），浸泡苗木或枝条 15 分钟。

3）其他杀虫剂处理：敌敌畏、乙酰甲胺磷，按照正常喷雾。捞出晾干后调运或栽种。调运到达目的地后，再次消毒后栽种。

（2）疫情扑灭措施

扑灭时间：疫情扑灭最合适的时间是葡萄伤流期后至发芽前，在生产上疫情扑灭时间可以选择在葡萄采收后进行。

葡萄植株砍伐前的药剂处理：对葡萄园植株、地面杂草等喷施一次药剂，可选用 10％吡虫啉可湿性粉剂 1 500 倍液，也可以选用 30％乙酰甲胺磷 600 倍液、25％噻虫嗪 2 500 倍液、25％噻嗪酮 800 倍液等有内吸性的杀虫剂，均匀喷雾。

葡萄砍伐：砍伐葡萄主蔓、挖除葡萄主根、剪除葡萄枝、叶的方式，剪成 20～50 厘米的小段，集中在田间深埋。

隔离堤坝：在疫情地块的周围，堆砌 40～50 厘米高的土堤，形成隔离堤坝。隔离堤坝堆成后，使用 50％辛硫磷 500 倍液喷洒隔离堤表面，表面湿润即可。之后在隔离堤坝向内一侧覆盖塑料薄膜。隔离堤坝出水口：如果在雨季，应设立隔离堤坝出水口。出水口挖坑面 7～15 米^2、深 2 米以上的坑，在坑内放置 0.5 米厚的熟石灰。疫情地块排放出来的水，必须经过隔离坝出水口的石灰坑流入排水渠。疫情地块的水不需要进行外排。

疫情地块灌水浸泡：水源充足的地块，对全部砍伐后疫情地块进行灌水，保持水深不低于 10 厘米；灌水淹没时间持续 15 天或以上。

六、花果管理

（一）保花保果主要措施

1. 增施速效肥　花前改为花后施氮可提高坐果率。一般在 6 月份每亩施尿素 20～30 千克（分 2 次施），对于防止巨峰葡萄落花落果、促进丰产稳产有明显的效果。

2. 控制留果量　通过疏果可保持合理的叶果比（20～30∶1 左右），有足够的叶面积制造养分，既可供应果实发育，又可供应花芽分化。

3. 花前重摘心　诱导营养流向花序，暂时使新梢不与花序发生养分竞争，增加花序的养分，以达到减少落花落果的目的。

4. 花期喷硼　将硼砂 1～2 千克掺入有机肥中作基肥施用为最好，也可在葡萄的花蕾期、初花期和盛花期各喷 1 次 0.2％的硼砂，促进花粉管生长，提高受精率和坐果率。

5. 花前环剥　对结果母枝进行环状剥皮（环剥宽度 3～5 毫米），暂时阻止营养向下输送而流向花序。

6. 加强病虫防治　保持青枝绿叶，增强光合效率，提高树体营养水平。

7. 降低地下水位　除了开深沟，注意排水外，还可每年挑稻秆泥，逐步增厚土层，或者在冬天挑河泥于排水沟中，待水沥干后，再出沟把河泥放在畦面上。三四年后可提高土层 30～40

厘米，将地下水位降到理想水平，即1米以下。

（二）葡萄疏花与花序整形

疏花序与花序整形是调整葡萄产量，达到植株合理负载量的重要手段，也是提高葡萄品质，实现标准化生产的关键性技术之一。鲜食葡萄每亩的标准产量应该控制在1 000～1 500千克。

1. 疏花序

（1）疏花序时间　对生长偏弱坐果较好的品种，原则上应尽量早疏去多余花序，通常在新梢上能明显分辨出花序多少、大小的时候进行；对生长旺盛、花序较大、落花落果严重的品种（如巨峰以及其他巨峰系品种、玫瑰香等），可适当晚几天，待花序分离后能清楚看出花序形状、花蕾多少的时候进行疏花序。

（2）疏花序要求　根据品种、树龄、树势确定单位面积产量指标，定单株产量，然后进行疏花序。一般对果穗重400克以上的大穗品种，原则上短细枝不留花序，中庸和强壮枝各留1个花序。疏除花序应按新梢强弱顺序疏除（细弱枝→中庸枝→强壮枝）。

2. 花序整形

花序整形是以疏松果粒、加强果穗内部通透性、增大果粒和提高着色率为主要出发点，达到规范果穗形状，利于包装和全面提高果品质量的目标。因此，花序整形已成为当前鲜食葡萄生产中不可缺少的一道工序，要求通过花序整形，使葡萄穗形成为整齐一致的短圆锥形或圆柱形等。对大穗形且坐果率高的品种（红地球、秋红、里查马特、龙眼、无核白鸡心等），花前1周左右先掐去全穗长1/5～1/4的穗尖，初花期剪去过大过长的副穗和歧肩，然后根据穗重指标，结合花序轴上各分枝情况，可以采取长的剪短、短的"隔2去1"（即从花序基部向前端每间隔2个分枝剪去一个分枝）办法，疏开果粒，减少穗重，达到整形要求（图20、图21）。

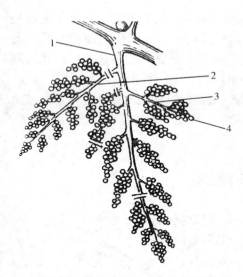

图 20　花序整形前（红地球等）
1. 花序轴　2. 花序副穗　3. 花序分枝　4. 花蕾

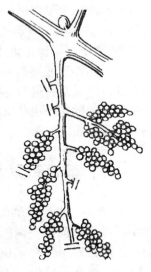

图 21　花序整形后
（红地球等）

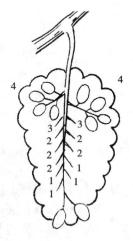

图 22　花序整形前（巨峰等）
（图中数字为选留果粒个数）

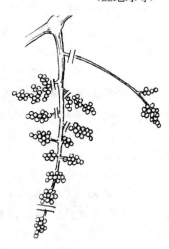

图 23　花序整形后（巨峰等）

对巨峰等坐果率低的葡萄品种，花序整形时，先掐去全穗长1/5～1/4的穗尖，再剪去副穗的歧肩，最后从上部剪掉花序大分枝3～4个，尽量保留下部花序小分支，使果穗紧凑，并达到要求的短圆锥形或圆柱形标准（图 22、图 23）。对先锋、藤稔、京亚和巨峰等品种进行赤霉素处理时，除按上述花序整形标准执行外，保留的花序小分支宜少，因为赤霉素处理能提高坐果率，避免果穗过大、过紧。

（三）葡萄疏果与顺穗

1. 疏果　根据产量指标、穗重指标和坐果好坏，疏掉多余的、坐果差的果穗，然后针对每一个果穗具体疏果。疏果时间一般在花后2～4周，果粒达到黄豆大小，早疏果对浆果膨大有益。操作中首先疏除畸形果、无核果（呈圆形、果柄细、小粒果）与小果，然后根据穗形和穗重的要求，选留大小均匀一致的果粒。同时为了使果粒排列整齐美观，要选留果穗外部的果粒。不同品种疏果标准不同，如红地球葡萄单穗重700～800克，单粒重12克，每穗50～60粒；巨峰葡萄每穗留果35粒，单粒重10～11克，单穗重350克左右（图 24）。

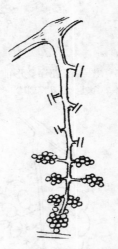

图 24　巨峰葡萄疏果

2. 果穗顺穗摆位　葡萄坐果后要认真检查果穗在架上的位置，发现夹在钢丝线、绳索、枝蔓或叶柄等中间的果穗，必须及早解除出来，顺直当空，对于因枝叶遮阴较深的果穗，要进行人工转位作业，每隔3～5天把果穗转位1次，使果穗四面见光，果面均匀着色。

（四）葡萄果穗套袋或"打伞"

1. 葡萄套袋

（1）葡萄果实袋的选择

材质要求： 专用纸原料做的果实袋，纸张通过驱虫防菌处理，纸质牢固，经得起风吹、雨淋、日晒等考验，在整个生长季不破不裂。

根据区域选择果袋： 我国葡萄栽培区域气候类别差异大，应根据当地的降雨量、光照和大风等不良气象因素因地制宜的选择果袋，不能千篇一律。西北干旱地区，海拔高、紫外线强度大，应选择防日灼的果袋类型；南方高温、高湿及台风频发区，葡萄病害严重，应选择强度好的果袋类型；环渤海湾地区，年降雨量在 500～800 毫米，但主要集中在 7、8 月份，也应选择抗风雨的果袋类型等。

根据品种选择果袋： 依据不同品种果穗大小选择果袋类型。不同品种根据其果穗大小、果实着色特点及对日烧的敏感程度形成各品种专用袋，如巨峰、红地球专用袋等。

（2）葡萄套袋技术

1）套袋前必须对果穗喷洒杀菌和杀虫剂，防止病、虫在袋内为害。喷药后待药液晾干后，及时套袋。

2）套袋前对葡萄果穗周围的营养枝和副梢应尽量多留，借用其对套袋果实进行遮阴，以利葡萄幼果逐渐适应袋内高温多湿的微气候。套袋 15 天后，视果实生长情况逐渐稀疏套袋果穗四周的遮阴葡萄枝叶。

3）套袋时期，南方多雨地区宜早不宜晚，套袋通常在谢花后 2 周坐果稳定、疏果结束后，应及时进行（幼果如黄豆大小）。长江以南地区在 6 月上、中旬进行。西北干旱地区、高海拔地区可适当推迟到着色前。棚架下遮阴果穗宜早不宜晚，篱架和棚架的立面果穗因阳光直射，应适当推迟套袋。套袋应在上午 10 时以前或下午 16 时以后进行。

4）套袋时打开果实袋口朝上，将果穗前部顺入袋内，果实袋逐渐上提，直到果穗全部装进袋后，用铁丝牢挂于果梗或结果枝上（图 25）。

5）套袋前应灌 1 次透水，以降低葡萄架下温度。

6）套袋后要经常检查套袋效果，发现问题及时处理。

7）需要摘袋才能达到着色要求（或需要 2 次套袋）的品种，应在开始着色期摘袋或换袋，并进行果穗周围摘老叶和果穗转位等工作，以利于果穗均匀着色。

图 25　葡萄套袋

2. 葡萄"打伞"　葡萄"打伞"材料是白色透明普通木浆纸，根据果穗大小的差异，长宽规格不同，合理选择。果穗"打伞"在保护地栽培中应用比较多，在果实发育中后期应用（图 26）。

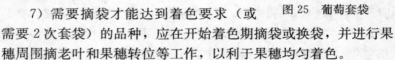

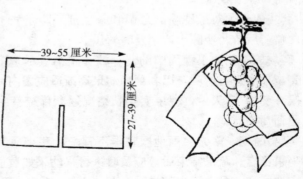

图 26　葡萄"打伞"

（五）应用生长调节剂

1. 拉长花序 新梢长至6～7叶，用赤霉素浸蘸已呈现的花序，使花序拉长。

使用浓度：国产赤霉素以5毫克/升为宜，美国奇宝以3万～5万倍液为宜。

处理时间：萌芽后25天左右，花前20天左右，新梢6～7叶为使用适期。

配套措施：花序拉长剂必须先少量试用，掌握了相关配套的技术后，才可逐步推广，切不可盲目应用。

2. 果实膨大处理

（1）膨大剂的选择 目前国内膨大剂按成分分为3类：一类是吡效隆；一类是以赤霉素、吡效隆等为原料复配而成；还有一类是主要用于无籽葡萄品种的赤霉素。应选用以发酵工艺生产的植物生长调节剂为原料的膨大剂。以化学合成的植物生长调节剂为原料的膨大剂在绿色食品生产中禁止使用，如吡效隆。

（2）使用方法

京亚（欧美杂种）：一般使用2次。第1次在生理落果开始期，即早开花的穗开始生理落果时全园处理；第2次在生理落果后6～7天（一般天气在第1次处理后11～13天）。可获得保果和增大果粒双重效应，使果穗重达500克以上，粒重7～9克。可稳定产量，提高效益。

无核白鸡心、优无核、汤姆逊无核、大粒红无核、红宝石无核等欧亚种无籽品种：可用1次，也可用2次。使用1次的，在生理落果后7～9天；使用2次的，第1次应在生理落果后3～5天，第2次应在第1次处理后6～7天。可使果粒增大1倍左右，甚至超过1倍。

（3）相配套措施 减少留穗量，应按1 500千克/亩产量定穗；认真疏果，使果粒有充分的膨大空间；增施膨果肥，视果粒膨大效果，酌情增施膨果肥。

3. 葡萄无核化处理

（1）常用调节剂　赤霉素（GA₃）：一般开花前使用浓度为 50～100 毫克/千克，盛花后处理浓度降低为 25～50 毫克/千克。链霉素（SM）：一般在开花前 10～15 天与 GA₃ 混用，常用浓度为 100～300 毫克/千克。

（2）适宜无核化品种　先锋、巨峰、户太 8 号、京亚、甜峰、醉金香、藤稔等品种。

（3）处理方法　开花前和坐果后各处理 1 次，对玫瑰露、蓓蕾玫瑰-A、红珍珠等品种，盛花前 14 天即花序下部 2 厘米处花蕾开始散开时，用 100 毫克/千克的 GA₃ 溶液处理花序，然后在盛花后 7～14 天，再用 100 毫克/千克 GA₃ 重复处理 1 次。其第 1 次处理目的是诱导无核，第 2 次是使果实增大。

（六）鲜食葡萄的品质标准

1. 果穗和果粒美观　果穗紧密适中，圆锥形或圆柱形，300 克以上，色泽美观（紫色、黄色、绿色、红色）。果粒整齐一致，单果重 8 克以上。

2. 果皮薄而韧　果皮薄或皮虽厚韧，但易剥离，果皮有果粉。

3. 果肉丰满　果肉要紧脆或肥厚多汁，不黏滑，无肉囊。

4. 汁液丰富，风味好　要求葡萄浆果含可溶性固形物 16% 以上，糖酸比在 25～35。

5. 耐贮藏运输　果皮较厚韧，穗轴紧韧不易断裂，果粒和果梗附着牢固，果皮、果梗和穗轴不易干缩，浆果耐压力在 1.5 千克以上。果刷长，耐拉力在 300 克以上。

6. 果粒无核　无核，果粒中等，经处理可使果粒平均单果重 7～9 克。

七、防灾减灾

影响葡萄生产的自然灾害性天气主要有冬季冻害、霜冻和冰雹、干热风、鸟害等。

（一）冬季冻害

1. 葡萄发生冬季冻害的原因 葡萄冬季发生冻害的原因多种多样，主要因素可归纳图 27 所示，并摘要分述如下：

2. 防止葡萄冻害的措施 提高葡萄抗寒能力和解决冻害问题主要从选择抗寒葡萄品种、提高葡萄树势和采取必要的防冻措施来解决（图 28）：

（1）推广葡萄嫁接苗定植技术 葡萄砧木根系的抗冻性远高于葡萄扦插苗的根系，葡萄砧木的使用，不仅可以大大提高葡萄根系的抗冻能力，而且还可以提高葡萄的抗逆性（抗旱、抗盐、抗渍），加强葡萄对水肥的吸收和利用，从而增强葡萄树势和产量。

（2）采用深沟定植技术 葡萄深沟定植及其生长状况如图 29 所示。葡萄深沟定植后，经过几年生长和每年出土不彻底，但仍必须保证沟深 20 厘米以上，有利于节约灌水和冬季埋土防寒。

（3）科学合理施肥，规范化栽培管理 葡萄对氮、磷、钾的需求比例以 1∶1.5∶1 为好，搞好病害防治，合理负载。

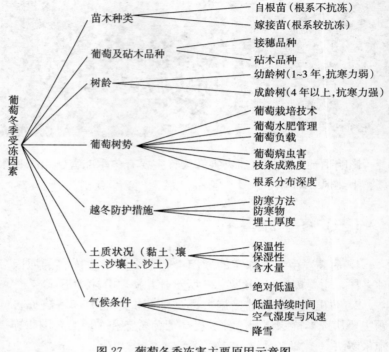

图 27　葡萄冬季冻害主要原因示意图

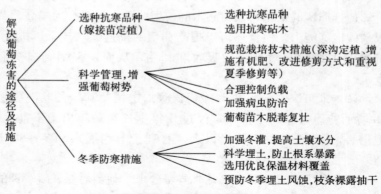

图 28　解决葡萄冻害的途径和办法示意图

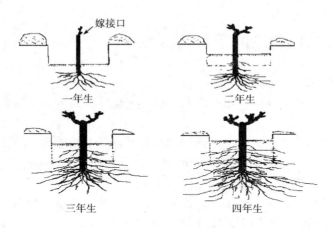

嫁接口

一年生　　　　　　二年生

三年生　　　　　　四年生

图 29　葡萄深沟种植及其生长示意图

（4）越冬防寒

沙埋或土埋防寒：先将冬剪的葡萄枝蔓顺沟同一方向捆扎好，采用机械或人工在葡萄树主干两侧 1 米以外的行间取土，不得离根部太近，以免造成根系冻害。防寒埋土的宽度（底宽）不能小于 1.2 米，上面呈弧形，厚度为 0.5 米，保证土层高出葡萄枝蔓 0.2 米以上，拍实，防止露风。沙土埋土应厚些。为防止冬春风蚀，可在地表向风坡扎一些稻草，以防冻害和抽干。

秸秆埋土防寒：先将冬剪的葡萄枝蔓顺沟捆扎好，在葡萄树主干四周用秸秆堆压 0.2 米，然后再用土埋压秸秆，埋土厚度为 0.2 米左右。

开沟埋土法：在行边离主干 0.2～0.3 米处顺行向开一条宽、深各 0.3～0.4 米防寒沟，将枝蔓放入沟中，然后用土掩埋，高出葡萄枝蔓 0.2 米以上即可。

塑料薄膜防寒：将冬剪后的枝蔓捆扎好，在枝蔓上盖麦秸或草 0.25 米以上，并添加少量土壤，再用塑料薄膜覆盖，四周用土培严，注意不要碰破塑料薄膜，以免冻害。

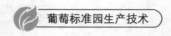

（二）霜冻的预防与应急

1. 霜冻的预防

（1）灌水法　在霜冻来临之前对葡萄实施漫灌，可有效降低霜冻。

（2）喷水法　对于小面积的葡萄园或具备喷灌条件的葡萄园采用喷水法防霜，效果十分理想。其方法是在霜冻来临前 1 小时，利用喷灌设备对葡萄不断喷水。

（3）遮盖法　利用稻草、麦秆、草木灰、杂草、塑料薄膜等覆盖葡萄，即可防止外面冷空气的袭击。

（4）熏烟法　是利用能够产生大量烟雾的柴草、牛粪、锯木、废机油等物质，在霜冻来临前半小时或 1 小时点燃。该方法的缺点是成本较高，污染大气环境，适用于短时霜冻的防止使用，实践证明效果良好。

（5）加热法　应用煤、木炭、柴草、重油、蜡等燃烧使空气和植物体的温度升高以防霜冻，是一种广泛使用的方法。

（6）施肥法　在寒潮来临前早施有机肥，特别是用半腐熟的有机肥做基肥，可改善土壤结构，增强其吸热保暖的性能。也可利用半腐熟的有机肥在继续腐熟的过程中散发出热量，提高土温。暖性肥料常用的有厩肥、堆肥和草木灰等。

（7）喷施防霜冻液　马齿苋水提取液 100 份，核酸 0.002～0.1 份，藻胶钠 0.2～0.4 份，葡萄糖 0.8～1.6 份，蔗糖 1.6～3.2 份，抗坏血酸 1.6～3.2 份，氯化胆碱（75％的水溶液）15～20 份，甘油 30～50 份。该防霜冻液属天然制剂，无毒，无害，不污染环境，可直接喷洒于葡萄叶面、花、花芽，使用简便，有效防冻期可达 10～20 天。

2. 葡萄霜冻灾后补救　对新梢全部受害的葡萄，应将受害冻梢剪至有冬芽部位或平茬，迫使冬芽或副芽萌发结果；对中度受害者，将冻梢剪除即可。同时加强地下管理，每亩追施 25 千克尿素，追肥后 3～5 天灌水，或每亩追施 50 千克碳酸氢铵，立即灌水。并要进行松土，提高土壤温度，促使根系生长。另外，搞好叶面追肥，并要对葡萄进行药物保护，避免因冻害而引起的大面积病虫害发生。

（三）冰雹

1）根据各地区冰雹出现的气候规律，在冰雹多发地区尽可能避免种植葡萄。

2）通过大力营造树林，绿化荒山秃岭，改善气候环境，可以降低冰雹的发生。

3）建立防雹站预防。

4）对于冰雹发生频繁的葡萄基地，可以通过搭建冰雹防护网来降低冰雹带来的损失，一般冰雹防护网在生长季搭建，葡萄采摘后收回放入库房，这样一个防护网可以使用多年。同时防护网的使用，还可以降低鸟害，达到双重目的。

（四）鸟害

1）铺设防鸟网　在果实开始成熟时，在果园周围竖起一圈防鸟网即可。

2）果穗套袋　果穗套袋可防鸟、蜂等动物的危害。

3）恐吓性驱逐　采用各种方式，如点放爆竹、播放鸟的"惊叫"和"鹰叫"等方式驱逐害鸟。

4）采用棚架整形　在鸟害的常发地区，可尽量采用棚架栽培，并注意果园周围卫生状况，也能明显减轻乌鸦等鸟害的发生。

（五）干热风

1）改变果园生产条件，兴修水利扩大灌溉面积，果园种草调节土壤温度、减少蒸发，是预防干热风的一项根本措施。

2）套袋时间，尽量避开干热风对葡萄的危害时期（5月10日～6月10日），提前套袋幼果在袋内锻炼时间长，适应高温性强；推后套袋也可以避免产生日烧病。

3）在栽培管理上，要精细作业，增施有机肥，多施磷、钾肥，适时灌水，促根系下扎，限制产量生产，使果树生长健壮；在修剪时要多留西南方向侧枝；疏果时多留内膛果，做到"叶里藏果"；注意病虫防治，保住叶片，增强抗御干热风的能力。

4）适时灌水。在干热风来临前对葡萄园灌水，降低温度、增大湿度，减轻干热风的危害。

5）叶面喷施 0.3％磷酸二氢钾，有利于减轻干热风的危害。

6）施硼、锌肥。可在 50～60 千克水中，加入 100 克硼砂，在葡萄花期喷施。每亩喷施 50～75 千克 0.2％的硫酸锌溶液，可增强葡萄的抗逆性，提高坐果率。

7）施萘乙酸。在葡萄开花期喷施 20 毫克/千克浓度的萘乙酸，可增强葡萄抗干热风能力。

8）喷洒食醋、醋酸溶液　用食醋 300 克或醋酸 50 克，加水 40～50 千克，可喷洒 1 亩葡萄，对干热风有很好的预防作用。

八、设施栽培

（一）品种选择

1. 促早栽培 无核白鸡心、夏黑无核、早黑宝、瑞都香玉、香妃、乍那、87‑1、京蜜、京翠、维多利亚、藤稔、巨玫瑰、红旗特早玫瑰、火焰无核、莎巴珍珠、巨峰、金星无核、京亚、奥古斯特、矢富罗莎、红香妃、红双味、紫珍香、优无核、黑奇无核、布朗无核、凤凰51和火星无核等。

2. 延迟栽培 红地球、意大利、美人指、巨峰、达米娜、克瑞森无核和红宝石无核等。

3. 避雨栽培 矢富萝莎、奥古斯特、维多利亚、京亚、巨玫瑰、巨峰、藤稔、红萝莎里奥、红地球、夏黑无核、无核白鸡心、红宝石无核和莫莉莎无核等。

（二）园地选择

建园地要求背风向阳、周围没有高大遮阴物，多棚连片建园，前后棚之间应留8米左右的间隔，以避免相互遮阴和利于作业。

（三）高光效省力化树形和架形

1. 高光效省力化树形

（1）单层水平形 该树形适于需采用长梢修剪的品种。倾斜（适于需下架埋土防寒的设施）或垂直（适于不需下架埋土防寒的设施）的主干，干高日光温室从北向南（塑料大棚从中间向两侧）由 80 厘米逐渐过渡到 40 厘米，适于采用短小直立叶幕。

（2）单层水平龙干形 有一个倾斜（适于需下架埋土防寒的设施）或垂直（适于不需下架埋土防寒的设施）的主干，干高同单层水平形。在主干顶部沿篱架方向分出单臂或双臂，臂上均匀分布结果枝组，结果枝组间距 20～30 厘米。该树形适于需采用中短梢修剪的品种。

2. 高光效省力化叶幕形

（1）短小直立叶幕 新梢直立绑缚，间距 10～20 厘米；叶幕高度 0.8×行距，厚度 2 层；适于生长势弱的品种。适用于促早栽培模式、避雨栽培模式、延迟栽培模式。

（2）V 形叶幕 新梢沿篱架方向向两边倾斜绑缚，与水平面呈 30°～45°角，间距 10～20 厘米；叶幕长度 1.2 米左右，厚度 1～2 层。适于生长势中庸的品种。

（3）水平叶幕 新梢向一侧水平绑缚，间距 10～20 厘米；叶幕长度 1.2 米左右，厚度 1～2 层。适于生长势中庸或强旺的品种。

（4）"V+1"形叶幕 更新梢直立绑缚，间距单层水平形与株距相同，单层水平龙干形与结果枝组间距同；非更新梢向两侧倾斜绑缚（与水平面呈 30°～60°夹角），间距 10～20 厘米；叶幕长度 1.2 米左右，厚度 1～2 层。适于生长势弱或中庸的品种。

（5）"半 V+1"形叶幕 更新梢直立绑缚，间距单层水平形与株距相同，单层水平龙干形与结果枝组间距同；非更新梢向一侧倾斜绑缚（与水平面呈 30°～60°夹角），间距 10～20 厘米；叶幕长度 1.2 米左右，厚度 1～2 层。适于生长势弱或中庸的品种。

（四）高效肥水利用

1. 施肥 重视萌芽肥（氮为主），追好膨果肥（氮、磷、钾合理搭配），巧施着色肥（钾为主），强化叶面肥（氨基酸系列叶面微肥），施肥量要根据土壤状况、植株生长指标的需求来确定。

2. 水分 从萌芽至开花对水分需求量逐渐增加，开花后至开始成熟前是需水最多的时期，幼果第 1 次迅速膨大期对水分胁迫最为敏感，进入成熟期后，对水分需求变少、变缓。

3. 控水控氮，增施磷钾肥 8 月上旬始每半月叶面喷施 1 次 0.3%硼砂和 0.3%磷酸二氢钾，直至 10 月上旬为止；每月土施 1 次果树专用肥，亩用量 30 千克，连施 3 次；9 月上中旬将葡萄专用肥与腐熟优质有机肥混匀施入，每亩施腐熟优质有机肥 5 米^3，并适当掺施硼砂、过磷酸钙等，施肥后立即浇透水。此期应适当控水，若土壤墒情好，一般不浇水；雨季注意排涝。

（五）休眠调控与扣棚

1. 解除休眠 在促早栽培中，一般采用人工预冷和化学药剂，使果树休眠提前解除，以便提早扣棚升温进行促早生产。

（1）人工预冷 前期（从覆盖草苫始到最低气温低于 0℃止），夜间揭开草苫并开启通风口，让冷空气进入，白天盖上草苫并关闭通风口，保持棚室内的低温；中期（从最低气温低于 0℃始至白天大多数时间低于 0℃止），昼夜覆盖草苫，防止夜间温度过低；在后期（从白天大多数时间低于 0℃始至开始升温止），夜晚覆盖草苫，白天适当开启草苫，让设施内气温略有回升，升至 7～10℃后覆盖草苫。

（2）化学破眠技术　目前生产上广泛应用的是用石灰氮和单氰胺打破葡萄休眠。

石灰氮：将粉末状药剂置于非铁容器中，1份石灰氮对4份温水（40℃左右），充分搅拌后静置4～6小时，然后取上清液备用。在pH为8时，药剂破眠效果稳定。

单氰胺：单氰胺对葡萄的破眠效果比石灰氮好。在葡萄生产中，用含有50％有效成分的单氰胺水溶液——多美姿，使用浓度2.0％～5.0％，一般在葡萄2/3的需冷量得到满足之后使用。使用单氰胺处理一般应选择晴好天气进行，气温以10～20℃最佳，气温低于6℃时应取消处理。处理时期不能过早，过早葡萄芽萌发后新梢延长生长受限。要避免药液同皮肤直接接触，生产者注意在使用前后1天内不可饮酒。

2. 延长被迫休眠　在延迟栽培生产中常采用人工加冰降温或利用冷库设施延长果树的休眠期。即在芽萌动前10～15天开始扣棚并覆盖草苫，在温室内加入冰块降温或将果树搬入冷库中或利用在温室内安装冷风机保持温室内的低温环境，使花期根据需要延迟30～90天开放。

3. 扣棚时间的确定　只有休眠解除后才能开始扣棚升温，否则过早加温会引起不萌芽，或萌芽延迟且不整齐，花序退化，浆果产量和品质下降等问题；其次还要考虑设施的保温能力、市场供求状况、劳动力安排以及气候条件等因素。

（六）环境调控

1. 光照

（1）提高设施本身透光率　建造方位适宜、采光结构合理的设施；采用透光性能好、透光率衰减速度慢的透明覆盖材料并经常清扫。

（2）延长光照时间，增加光照强度，改善光质　正确揭盖草苫和保温被等保温覆盖材料并使用卷帘机等机械设备；后墙涂白、挂铺反光膜；人工补光；安装紫外线灯补充紫外线，采用转光膜改善光质等措施。

（3）改善光照　采用适宜架式和合理密植；采用高光效树形和叶幕形。

2. 温度　温度调控主要包括两方面的内容即气温调控和地温调控。

（1）气温调控

催芽期：缓慢升温，使气温和地温协调一致，促进花序发育。控制标准：第 1 周白天 15～20℃，夜间 5～10℃；第 2 周白天 15～20℃，夜间 7～10℃；第 3 周至萌芽白天 20～25℃，夜间 10～15℃。从升温至萌芽一般控制在 25～30 天。

新梢生长期：白天 20～25℃，夜间 10～15℃。从萌芽到开花一般需 40～50 天。

花期：白天 22～26℃，夜间 15～20℃。花期一般维持 7～15 天。

浆果发育期：白天 25～28℃，夜间 20～22℃。

着色成熟期：白天 28～32℃，夜间 14～16℃；昼夜温差10℃以上。

保温技术：优化棚室结构，强化棚室保温设计；选用保温性能良好的保温覆盖材料、多层覆盖；挖防寒沟；人工加温；正确揭盖草苫、保温被等保温覆盖物。

降温技术：通风降温，注意通风降温顺序是先放顶风，再放底风，最后打开北墙通风窗进行降温；喷水降温，注意喷水降温必须结合通风降湿，防止空气湿度过大；遮阴降温，这种降温方法只能在催芽期使用。

（2）地温调控　设施内的土温调控主要通过起垄栽培；建造地下火炕或地热管和地热线；挖防寒沟；在人工集中预冷过程中合理控温；秸秆生物反应堆等技术措施实现。

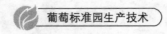

3. 湿度

（1）催芽期　此期空气相对湿度要求 90％以上，土壤相对湿度要求 70％～80％。

（2）新梢生长期　此期空气相对湿度要求 60％左右，土壤相对湿度要求 60％～80％为宜。

（3）花期　此期空气相对湿度要求 50％左右，土壤相对湿度要求 60％～70％为宜。

（4）浆果发育期　此期空气相对湿度要求 60％～70％，土壤相对湿度要求 70％～80％为宜。

（5）着色成熟期　此期空气相对湿度要求 50％～60％，土壤相对湿度要求 60％～70％为宜。

降低空气湿度技术措施：通风降湿；全园覆盖地膜；改传统漫灌为膜下滴灌或膜下灌溉；升温降湿；挂吸湿物降湿等。

喷水增加空气湿度。采用控制浇水的次数和每次灌水量来协调土壤湿度。

4. 二氧化碳

（1）增加 CO_2 浓度的方法　可通过增施有机肥；施用固体 CO_2 气肥；燃烧法；化学反应法；合理通风换气；二氧化碳生物发生器法等措施实现。

（2）施用时期　于叶幕形成后开始进行 CO_2 施肥，一直到棚膜揭除后为止。在天气晴朗、温度适宜的天气条件下于上午日出 1～2 小时后开始施用，每天至少保证连续施用 2～4 个小时。阴雨天不能施用。

（七）花果管理

1. 坐果率调控

（1）摘心　对生长势强的结果梢，在花前 7～10 天对花序上部进行扭梢，同时留 5～6 片大叶摘心，可显著提高坐果率。花期浇水、坐果后摘心可显著降低坐果率。

（2）喷布硼、锌肥　花前 10 天对叶片和花序喷布氨基酸硼、氨基酸锌叶面肥，每隔 7 天左右喷 1 次，连续喷布 2 次。

（3）疏穗　谢花后 10~15 天，进行疏穗，3~4 个新梢对应 1 穗，每新梢大约 15 片叶。

2. 改善果实品质

（1）疏粒　疏掉果穗中的畸形果、小果、病虫果以及比较密挤的果粒，一般在花后 2~4 周进行 1~2 次。第 1 次在果粒绿豆粒大小时进行，第 2 次在果粒黄豆粒大小时进行。一般每亩产量控制在 2 000 千克左右。

（2）摘叶与疏梢　摘叶与疏梢可明显改善架面通风透光条件，有利于浆果着色，但摘叶不宜过早，以采收前 10 天为宜。

（3）环割或环剥　浆果着色前，在结果母枝基部或结果枝基部进行环割或环剥，可促进浆果着色，提前 3~5 天成熟，同时显著改善果实品质。

（4）挂铺反光膜　地温达到适宜温度后挂铺反光膜。

（5）充分利用副梢叶　设施栽培注意加强副梢叶片的保护，葡萄生长发育后期主要依靠副梢叶片的营养。

（6）扭梢　可显著抑制新梢旺长，促进果实成熟和改善果实品质及促进花芽分化。

（7）喷布氨基酸钾叶面肥　在浆果着色期每隔 10 天喷布 1 次氨基酸钾叶面肥。

（8）喷施氨基酸钙叶面肥　于幼果发育期至果实成熟期每 10 天 1 次喷施氨基酸钙叶面肥、氨基酸硒叶面肥。

（八）设施内常见病虫害综合防治

1. 常见病害　黑痘病、白腐病、毛毡病、炭疽病、霜霉病、白粉病、灰霉病、穗轴褐枯病等。

2. 常见虫害　红蜘蛛、蓟马和斑衣蜡蝉等。

3. 常见病虫害的防治　见附录。

（九）连年丰产

主要采取的更新修剪方法：短截更新、平茬更新和压蔓更新、超长梢修剪三种更新修剪方法，其中短截更新又分为完全重短截更新和选择性重短截更新两种方法。

1. 重短截更新

（1）完全重短截　收获期在6月初之前的葡萄品种如夏黑等可采取完全重短截与重回缩相结合的方法。于葡萄采收后，将预留作更新梢留1～3个饱满芽进行重短截，胁迫基部冬芽萌发，培养为翌年的结果母枝。

（2）选择性重短截　收获期在6月初之后的品种如红地球等，可采取选择性重短截的方法。选留部分新梢留5～7片叶摘心，培养更新预备梢。重短截更新时，只将更新预备梢留1～3个饱满芽进行重短截，逼迫冬芽萌发新梢，培养为翌年的结果母枝。采用此法更新需配合相应树形和叶幕形，树形以单层水平形和单层水平龙干形为宜；叶幕形以"V＋1"形叶幕或"半V＋1"形叶幕为宜。

（3）修剪时间　揭膜时重短截逼发冬芽副梢长度不能超过20厘米，冬芽副梢能够正常成熟，一般剪口粗度在0.8～1.0厘米以上的新梢冬芽所萌发的新梢结果能力强。重短截时间越早，短截部位越低，冬芽萌发形成的新梢生长越迅速，花芽分化越好。重短截时间最晚不迟于6月初。

2. 平茬更新　葡萄采收后，保留老枝叶1周左右，使葡萄根系积累营养，然后从距地面10～30厘米处平茬，促使葡萄母蔓上的隐芽萌发，然后选留一健壮新梢培养为翌年的结果母枝。平茬更新时间最晚不晚于6月初，越早越好，过晚，花芽分化不良，严重影响翌年产量。因此，对于葡萄收获期过晚的品种不能采取该方法进行更新修剪。

3. 压蔓更新、超长梢修剪　揭除棚膜后，在培养的预备结果母枝的新梢上选择 1～2 个健壮新梢（夏芽副梢或逼发的冬芽副梢）于露天条件下延长生长，将其培养为翌年的结果母枝，待延长梢长至 10 片叶左右时留 8～10 片叶摘心，在新梢中下部进行环割或环剥处理抑制新梢旺长。晚秋落叶后，对于揭棚膜后生长的新梢采取中短梢或长梢修剪，将结果母枝压倒盘蔓或压倒到对面行上串行绑缚。

九、采收与采后处理

（一）按品种的贮藏特性决定贮运保鲜期限

龙眼、巨峰、玫瑰香、红提、秋黑这 5 个品种比较耐贮藏，可贮藏 4～7 个月；木纳格、无核白、马奶、红富士和夏黑为中度耐藏的品种，可贮 2～3 个月。其他品种应根据实验决定其贮藏期限。所有葡萄品种在冷藏运输条件下，可满足 20～50 天的安全贮运期限。

（二）选择优质栽培果园采果

一般葡萄采后在国内即采即运流通情况下可放宽条件，但要中长期贮藏或出口国外远距离运输，必须严格按以下要求进行。

1. 选择适宜控产果园　一般红色品种选择产量控制在 1 100～1 200 千克/亩的果园采果；黑色品种选择产量控制在 1 300～1 500 千克/亩的果园采果。

2. 激素处理果实不耐贮　植物激素处理过分紧实的果穗易发生病害，适当拉长果穗缓减果穗过紧，但穗梗和果梗拉的太细，在贮藏过程易干枯死亡。无核化葡萄由于果刷变短而易脱粒影响贮藏效果。果实催红（熟）促进葡萄的落粒。一般建议贮藏用葡萄不可用激素处理。

3. 采前病害防治到位 葡萄贮藏中病害主要有 3 种：葡萄灰霉病、葡萄青霉病和葡萄褐腐病。由于在田间生长期间病菌大量侵染潜伏在果实里，造成贮藏期发病。花前灰霉病侵染期的药剂预防，采前食品添加剂类型药剂的应用如葡萄采前液体保鲜剂、特克多（TBZ）浸穗等，可有效降低田间带菌量。

4. 选择未遇雨与采收时未灌水的果园 采前遇大雨或暴雨，采收期应推迟 1 周；采前遇中雨，采收期应推迟 5 天左右；如遇小雨至少也要推迟 2 天左右。采前 10～15 天应停止灌水。南方葡萄产区除了注意采前控制灌水外，还要加强田间排水。

（三）要搞好贮运设施的消毒

在每次贮运葡萄前必须对贮运设施进行彻底清扫，地面、货架、塑料箱等应进行清洗，以达到洁净卫生。同时要对贮运设施、贮藏用具等进行消毒杀菌处理。常用的杀菌剂及使用方法如下：

1. 高效库房消毒剂 CT 高效库房消毒剂，为粉末状，具有杀菌谱广，杀菌效力强，对金属器械腐蚀性小等特点。使用时将袋内两小袋粉剂混合均匀，按每立方米 5 克的使用量点燃，密闭熏蒸 4 小时以上。

2. 二氧化氯 对细菌、真菌都有很强的杀灭和抑制作用，市售消毒用二氧化氯的浓度为 2%。

3. 漂白粉溶液 贮运设施消毒常用 4% 的漂白粉液喷洒。在葡萄贮藏期间结合加湿，也可喷洒漂白粉液。

（四）选择适宜成熟度，把好入贮质量关

1. 适时采收 在北方一般贮藏中晚熟葡萄，采收期在 9 月中旬到 9 月底；在南方 7～8 月份就可成熟采收。北方葡萄过晚

采收易遇霜冻。南方葡萄在成熟后树上挂果时间长易过熟而产生脱粒，成熟度高时遇雨更易在树上发生裂果和腐烂。广西的二次葡萄过度晚采可遇霜冻而对葡萄贮藏效果产生不良影响。

2. 保证质量　葡萄果粒可溶性固形物含量平均达到 $15\%\sim 19\%$ 以上的果穗入贮，具体要根据品种和产地而定，但至少要达到 15% 以上。口感要好，果穗松紧适宜，具有品种固有的外观特征和色泽风味。果粒的硬度、大小和颜色要均匀一致，果梗不能干缩，颜色至少达到黄绿色，无缺陷（无萎蔫、落果、日灼、水浸果、小果与干果）且无腐烂。

（五）要精细采收，严把采收环节

采收时间应在早晨露水干后或下午气温凉爽时，避免在雾天、雨天、烈日暴晒时采收。采收的果实要求无病虫危害。要轻采轻放，避免机械伤害，并对果穗进行修整和挑选。

（六）要进行单层装箱，搞好预包装和中包装

选用纸箱、塑料箱、泡沫塑料箱或木箱都可，装量最低 2.5 千克，最高 10 千克，纸箱装量应控制在 4 千克之内，塑料箱控制在 6 千克之内，泡沫箱控制在 10 千克之内。要单层装箱，最好采用单穗包装。采后短贮运输型箱内衬内包装，可使用密封袋或开孔袋，或仅使用衬纸，但长贮葡萄时必须使用密封塑料袋。采收时要在树上整理果穗，树上分级，一次性装箱。使用单层包装箱（或单层周转箱）、单果穗包装（如用带孔塑料袋），轻采轻运。

（七）包装箱放保鲜剂进行防腐处理

由于 CT2 为长贮保鲜剂，SO_2 释放较慢；CT5 为短贮粉剂，

SO_2 释放较快。根据不同气候条件进行组合，或采用单包二段释放保鲜剂。以巨峰为例，按 5 千克装箱量计，南方、北方地区用量见下表。

南方和北方地区葡萄保鲜剂用量表

南方高温多雨区	1）CT2	8 包	CT5	2 包
	2）CT2	10 包	CT5	1 包
北方冷凉干旱区	1）CT2	10 包	CT5	0 包
	2）CT2	8 包	CT5	1 包

（八）搞好敞口预冷

冷藏间预冷是常用的预冷方式，北方地区晚秋采收的葡萄一般预冷 12～24 小时，如遇特殊多雨年份预冷时间要加长至 36～48 小时；南方地区葡萄田间热和携带水分较高，更应增加葡萄敞口预冷时间，一般要达到 24～72 小时。差压预冷是理想的方法，可使葡萄预冷时间缩短 5 倍以上，但由于需要特殊包装，很难实现。目前隧道预冷是理想和现实的选择。

（九）搞好温度管理

1. 选择适宜的贮藏温度　－0.5℃±0.5℃是适宜的贮藏温度。但多数库在除霜时温度要升到 1～3℃，再加上某些库在贮藏过程偶遇停电，会造成不良的贮藏后果。目前贮藏库已能达到冰温控制水平，－0.5℃±0.2℃。在避免停电的情况下，易腐难贮的葡萄可延长贮期 20～40 天，是理想的贮藏温度。

2. 搞好温度管理

（1）要有一个隔热和控温良好的贮藏库，特别在我国南方地区更应加强隔热层的建造。

（2）贮前提前降低库温，在入贮前 2～3 天使库温达到要求的温度。

（3）葡萄采收后要及时入贮，防止在外停留时间过长。要求葡萄在采收后 6 小时之内进入预冷阶段。

（4）分批入贮，每次入贮库容的 15％。

（5）选择适宜的贮藏温度－1～0℃。

（6）选择适宜的检测温度方法，电脑多点检测、精密水银温度计（精度控制在 0.1℃）。

（7）要合理码垛，要有利于空气通过。

（8）要尽可能维持各个部分的温度均匀一致。

（9）要防止库内温度骤然波动。

（10）经常停电地区要配置发电机。

（11）最好设置专用预冷库。

（12）设置温度安全报警装置。

附录　葡萄病虫害规范化防治

一、葡萄病虫害的规范化防治概念、方法、步骤

（一）葡萄病虫害规范防治

葡萄病虫害的规范防治，是预防为主、综合防治的具体体现，是一个连续、规范并且根据气象条件调整的防治病虫害的过程。这个过程包括建立葡萄园前和建立过程中的脱毒苗木的选择、苗木检疫、种苗的消毒、土壤的处理；葡萄园建立后的合理栽培技术和葡萄保健栽培措施；根据当地已经具有的葡萄病虫害种类及发生规律，利用简单、经济、有效、环保的方法，压低病虫害的数量（杀灭、抑制繁殖、阻止侵染或取食等），把病虫害的数量降低到没有实质性危害的水平。

所谓"没有实质性危害"，是指病虫害的存在，不能影响正常的优质农产品生产。田间存在少量的病虫，烂（或者破坏或者取食）几个穗、吃几片叶，对大局没有任何影响，这种状态被称为"没有实质性危害"。

表面上看，葡萄病虫害的规范防治是一个复杂的系统工程；从本质上讲，葡萄病虫害的规范防治，是分步骤、分阶段，操作简便、简单易行的一系列具体措施的链条。

（二）葡萄病虫害规范防治的方法和步骤

葡萄病虫害规范防治，是一系列技术措施和链条。包括：根据地域土壤和气候特点，选择品种；选择脱毒苗木并进行检疫；苗木调运前、后进行消毒处理；根据具体情况，是否进行栽植前的土壤处理或消毒；栽植后，结合葡萄的栽培技术，把健康栽培、农业防治措施、物理机械防治措施等，融入具体栽培措施中，形成一套按照生长季节进行操作的技术规范；根据当地能造成危害损失病虫害的种类，并结合品种特点、气候特点、田间所有造成损失的病虫害发生规律，制订各生育期采取的药剂（生物的、化学的）防治措施，并根据气象条件和这些病虫害的种群数量变动，调整采取的措施。

葡萄病虫害规范防治中，栽植前，品种选择、苗木的检疫和消毒措施、土壤的处理或消毒是基础；栽种后，把健康栽培、农业防治措施、物理机械防治措施等融入具体栽培措施之中，是日常工作；每个生长季，根据气候资料和病虫害的发生规律，形成规范的药剂防治具体措施方案，并根据气象条件的变化和病虫种群动态，对药剂防治措施进行调整，且实施这些措施，是防治病虫害的关键。

"根据气象条件的变化和病虫种群动态，对防治措施进行调整"是一个很笼统的说法。确定这些调整措施，需要科学方法和技术支撑，涉及病原菌（虫害）与作物、环境的互作和对应关系；作物品种间抗性差异；在此基础上建立起来的预测预报系统或体系；田间种群动态监测数据等。所以，确定调整措施是最艰巨、科技含量最高的工作。

确定调整措施，有三个层次：根据经验设定调整性措施；根据经验、作物的品质种抗性、病虫种群动态与气象因子的关系，进行技术集成；在技术集成、田间动态监测、气象动态监控、病虫抗药性监测等基础上，建立预测预报体系并根据该体系进行防控措施的调整和优化。

所以，病虫害的规范防治法，是以作物生态体系为对象，把各种防治方法具体化，按照作物栽种或栽培的时间序列进行排列和实施的防控方法。病虫害的规范防治法，可以分为：栽种（种植、移栽等）前的防治、栽培过程中的防控措施、生长季的规范化防治措施（农药的使用）与调整、特殊防控措施等 4 部分内容。并且可以按照以下步骤进行：

（1）明确本地区葡萄病虫害的种类　调查和明确葡萄园种植的区域内所有病虫害的种类；并在此基础上，明确在本地区哪些种类是葡萄上重要的病虫害，必须进行防治；哪些是普遍存在，个别年份造成危害；哪些病虫害能在葡萄园发现，但没有实质性危害。明确种类和危害，是病虫害防控的基础中的基础。

（2）明确这些病虫害的发生规律和有效措施　在明确种类的基础上，把造成危害和潜在威胁的病虫害的发生规律和有效措施弄清楚、搞明白，把防治这些病虫害的健康栽培、农业防治措施、物理机械防治措施、一些生物防治措施等融入具体栽培措施中，形成简便易行的栽培管理规范。

（3）制定葡萄栽植前的病虫害防治措施　栽植前，根据气候条件、土壤、品种区试结果等，进行品种选择；对苗木的检疫和消毒、土壤的处理或消毒等。

（4）根据品种特点和地域特点，评估当地各种病虫害防治的压力　根据病虫害的种类、品种抗性、地域特点，评估各种病虫害的防治压力。

以下以辽宁西部和宁夏产区的巨峰和红地球为例，从品种抗性、地域特点举例介绍这方面的情况。

1）品种差异　巨峰葡萄对霜霉病抗性中等、对灰霉病比较抗、对穗轴褐枯病感病，但红地球对霜霉病感病、对灰霉病感病、对穗轴褐枯病比较抗。

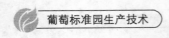

2）地域特征

辽宁西部产区：巨峰系品种必须使用药剂防治穗轴褐枯病，而灰霉病防控压力比较小，可以根据具体情况使用1～2次化学或生物防治措施；霜霉病也是重要病害，一般以保护性药剂为基础，使用1～2次内吸性药剂。红地球葡萄的穗轴褐枯病基本没有风险，而灰霉病防控压力比较大，必须使用2～4次化学或生物防治措施；霜霉病是重要病害，以保护性药剂为基础，一般一个生长季节需要2～3次内吸性药剂。

宁夏产区：巨峰系品种虽然对穗轴褐枯病感病，但根据具体情况，可以不采取措施；而灰霉病防控压力更小，也可以不使用化学或生物防治措施；霜霉病虽然也是重要病害，但以保护性药剂为基础，结合0～1次内吸性药剂。红地球葡萄的穗轴褐枯病在宁夏基本没有风险，可以不使用药剂；灰霉病防控压力虽然比较小，但也必须使用1～2次化学或生物防治措施，霜霉病是重要病害，以保护性药剂为基础，一般使用1～2次内吸性药剂。

从以上情况可以看出，不同品种在同一地区有不同的防控压力，而不同地区的同一品种也面临不同的情况。根据品种特点和地域特点，评估各种病虫害防治的压力，并根据病虫害的规律、习性、生活史、特征或特点，按照生育期制定措施。

（5）制定规范的农药使用方案　每一个果园应具有一套完整的病虫害的规范化的使用药剂方案，并根据农业生产方式（有机农业、绿色食品、无公害食品、GAP等）选择可以使用的农药种类。这个方案就是防治历，是根据品种特点、地域（土壤和气候）特点、病虫害发生规律等内容制定的防治方案。内容上包括：

简表：即什么时期采取什么措施；

调整措施：根据病原菌（虫害）与作物、环境的相互关系，在气候条件或种群动态发生变化时，对措施进行调整；

救灾措施：即某种病虫害发生严重或发生的压力比较大时的应急措施。

（6）特殊防控措施　除融入栽培措施中的防治措施、规范的农药使用外的其他措施，如利用糖醋液诱杀金龟子（是物理防治的内容），列入"特殊防控措施"内容，是规范防治内容的一部分。

二、我国不同葡萄品种的病虫害规范化防控

葡萄病虫害的规范防治，是一个连续、规范并且根据气象条件调整的防治病虫害过程，包括葡萄园建立前、建立后的防控。葡萄园建立后的农药的规范化使用，是病虫害规范化防控的重要内容；本部分只介绍葡萄园建成后的农药规范化使用方案，其他内容请参阅《中国葡萄病虫害与综合防控技术》一书（中国农业出版社，2009）。

2002—2009 年，作者与作者的团队为许多葡萄产区或基地制定了葡萄园药剂使用的规范防治方案。葡萄园药剂使用的规范防治方案，是根据病虫害的种类、品种抗性、地域特点（气候、土壤等），评估各种病虫害的防治压力，在集成、汇总形成规范防治措施初稿后，通过作者团队成员、当地的专家、技术人员、葡萄种植者等共同参与的会商会、讨论会等形成的。在此基础上，并根据我国葡萄主栽品种巨峰、红地球、赤霞珠等主要生产区域，提出葡萄园药剂使用的规范防治方案，供大家参考。

（一）巨峰葡萄

巨峰葡萄在我国种植非常广泛，从吉林长春到新疆昌吉、从内蒙古包头到广东江门遍布全国各地；从栽培区域上，分为北方的埋土防寒区域、南方的非埋土防寒区域；有避雨栽培，也有露地栽培、温室栽培；有套袋栽培，也有不套袋栽培；有一年一

熟，也有一年两熟。

按照巨峰葡萄不同栽培区域和栽培方式上病虫害发生的种类和特点，现将全国的巨峰葡萄分为七种类型：埋土防寒区露地巨峰葡萄（套袋和不套袋）、非埋土防寒区（南方）避雨栽培巨峰葡萄（套袋）、非埋土防寒区露地栽培巨峰葡萄（套袋）、北方大棚巨峰葡萄（不套袋）等，并对应几种类型梳理、归纳，集成葡萄园药剂使用的规范防治方案。

其他巨峰系品种，可以参考巨峰葡萄药剂使用的规范防治方案。

1. 埋土防寒区露地巨峰葡萄（套袋和不套袋）

（1）**基本情况** 通过十几年对北方埋土防寒区域巨峰葡萄上病虫害的了解和 2009 年各综合试验站的病虫害调查结果，北方埋土防寒区域巨峰葡萄上的病虫害有以下特点：

1）霜霉病、白腐病、酸腐病，开花前和花期的灰霉病、穗轴褐枯病，是必须防治的病害；绿盲蝽是必须防治的虫害；部分区域或个别果园的毛毡病、褐斑病、白粉病、叶蝉、介壳虫、白星化金龟等也是必须防治的病虫害。

2）可以分为环渤海湾种植区（辽宁南部和西部、天津、胶东半岛、河北东部）、内陆地区（河北大部、河南北部、山西、陕西西部、内蒙古中部）及半干旱地区（陕西大部、甘肃、宁夏、新疆北疆等）三个区域。

环渤海湾种植区霜霉病、白腐病、酸腐病、开花前和花期的灰霉病和穗轴褐枯病、绿盲蝽是巨峰葡萄上必须防治的病虫害；内陆地区霜霉病、白腐病、炭疽病、酸腐病、灰霉病、穗轴褐枯病、绿盲蝽等是巨峰葡萄上必须防治的病虫害；半干旱地区的霜霉病、白腐病、灰霉病、毛毡病、白粉病等是巨峰葡萄上必须防治的病虫害。

（2）**药剂防治简表**

北方埋土防寒区域巨峰葡萄病虫害防治药剂使用的规范防治简表
（套袋葡萄）

生 育 期		措 施		备 注
		无公害食品	有机农业	备注
发芽前	芽萌发后至展叶前	石硫合剂	石硫合剂	一般均使用石硫合剂
展叶后至开花前	2～3叶期	杀虫剂（比如联苯菊酯）	苦参碱或机油乳剂	建议使用2～3次药剂：2～3叶期针对绿盲蝽、叶蝉、介壳虫、红蜘蛛等；花序分离、开花前是降低多种病害的菌势、保证花期安全的关键时期
	花序分离期	甲基硫菌灵＋硼肥	农抗120＋硼肥	
	开花前	保倍福美双	武夷菌素	
谢花后至套袋前	谢花后3天左右	保倍福美双＋硼肥	武夷菌素＋硼肥	建议使用2～3次药剂：谢花后是全年的最重要时期；之后，根据具体情况，确定是否补充使用1次；套袋前处理果穗
	处理果穗	保倍＋抑霉唑＋苯醚甲环唑	武夷菌素	
套袋后至摘袋前	套袋后立即施用	保倍福美双	波尔多液	套袋后根据天气使用3～6次药剂：套袋后立即喷施保倍福美双1 500倍液（一定要均匀周到）；转色期用水胆矾石膏＋联苯菊酯预防酸腐病，摘袋前用1次水胆矾石膏，其他时间根据天气情况，决定用药次数，详细内容请看调整性措施
	15天左右	保护性杀菌剂＋金科克	波尔多液	
	10天左右	代森锰锌	波尔多液	
	10天左右	水胆矾石膏＋联苯菊酯	水胆矾石膏＋机油乳剂	
	之后，根据情况施用1～2次铜制剂	波尔多液	波尔多液	
摘袋后至采收	摘袋后	果品保鲜剂处理		不储藏果实可以不施用这次药剂
采收后	1～2次药剂	铜制剂＋杀虫剂	铜制剂＋机油乳剂	

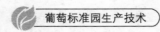 葡萄标准园生产技术

北方埋土防寒区域巨峰葡萄病虫害防治药剂使用的规范防治简表
(不套袋葡萄)

生育期		措施		备注
		无公害食品	有机农业	
发芽前	芽萌发后至展叶前	石硫合剂	石硫合剂	一般均使用石硫合剂
展叶后至开花前	2～3叶期	联苯菊酯	苦参碱或机油乳剂	建议使用2～3次药剂：2～3叶期针对绿盲蝽、叶蝉、介壳虫、红蜘蛛等；花序分离、开花前是降低多种病害的菌势、保证花期安全的关键时期
	花序分离期	甲基硫菌灵＋硼肥	农抗120＋硼肥	
	开花前	保倍福美双	武夷菌素	
谢花后至封穗前	谢花后3天左右	保倍福美双＋硼肥	武夷菌素＋硼肥	使用2～3次药剂：谢花后、封穗前是全年的最重要时期。之后，根据具体情况，确定是否补充使用1次
	15天左右	保护性杀菌剂	波尔多液	
	封穗前	代森锰锌＋苯醚甲环唑	武夷菌素	
封穗期至转色前	封穗后	保倍福美双＋金科克	波尔多液	套袋后根据天气使用3～5次药剂：套袋后立即喷施保倍福美双1 500倍液(一定要均匀周到)；以保护性杀菌剂为主，对应性使用1～2次内吸性杀菌剂；根据虫害种类及发生情况，使用1次杀虫剂
	15天左右	保护性杀菌剂＋甲基硫菌灵	波尔多液	
	10天左右	代森锰锌	波尔多液	
	10天左右	水胆矾石膏＋苯醚甲环唑	波尔多液	
转色期至成熟期	转色后	水胆矾石膏＋杀虫剂(如联苯菊酯)	水胆矾石膏＋机油乳剂(或苦参碱等)	从转色到成熟，一般40天左右时间，根据病虫害的发生压力，使用2～3次药剂；注意农药使用的安全间隔期
	10天后	代森锰锌＋啶酰菌胺(或多氧霉素)	武夷菌素	
	10天后	水胆矾石膏或50%抑霉唑喷果穗	水胆矾石膏	
采收期		不使用农药		
采收后	1～2次药剂	铜制剂＋杀虫剂	铜制剂＋机油乳剂	

（3）防治措施说明和调整措施

1）套袋葡萄

①发芽前：5波美度的石硫合剂。

说明：正常情况，发芽前施用5波美度的石硫合剂，在绒毛呈褐色至叶片展开前施用。（出土上架时，扒除老皮、振动枝蔓减少带土）

调整1：发芽前，雨水多的年份（枝蔓经常湿润），施用铜制剂，例如，100倍波尔多液（1∶0.5～0.7∶100）或80％水胆矾石膏300倍液。

调整2：白腐病发生严重的地块，出土后先施用50％福美双400倍液，把枝蔓喷湿，吐绿时再施用石硫合剂。

②发芽后到开花前

2～3叶期：使用杀虫剂，如2.5％联苯菊酯1 500倍液。

说明：有绿盲蝽危害的葡萄园，在2～3叶期必须施用1次杀虫剂，兼治毛毡病。如果没有绿盲蝽为害，可以省略这次农药。病害比较复杂的葡萄园，2～3叶期施用80％水胆矾石膏400倍液＋2.5％联苯菊酯1 500倍液。

花序分离期：70％甲基硫菌灵1 000倍液＋（硼肥）。

说明：花序分离期是花前最重要的防治时期，对全年的防治有决定性作用，使用1次70％甲基硫菌灵1 000倍液；对于冬季雪多、春季多雨的年份，应混加霜霉病的药剂，比如50％金科克4 000倍液或80％霜脲氰4 000倍液或25％精甲霜灵4 000倍液；对于缺硼地区，也是补硼（防止大小粒和防止落花落果）的重要时期。可以同时追加叶面肥（比如锌钙氨基酸补充锌、钙等元素和营养，促进花的发育和授粉）。

开花前：50％保倍福美双1 500倍液。

说明：开花前是重要的防治点，是防控灰霉病、穗轴褐枯病的防控适期，也对白腐病、白粉病、炭疽病有效，所以开花前1～2天应该施用广谱、高效保护性杀菌剂的药剂。

对于上年绿盲蝽为害严重的果园，混加杀虫剂（如 2.5％联苯菊酯 1 500 倍液）。

注：也可以在花序分离期使用 50％保倍福美双 1 500 倍液，开花前使用 70％甲基硫菌灵 800～1 000 倍液或 50％多霉威 600 倍液。

调整 1：环渤海湾区域，或一般年份

2～3 叶期：杀虫剂（如 2.5％联苯菊酯 1 500 倍液）。

花序分离期：50％保倍福美双 1 500 倍液＋硼肥＋杀虫剂。

开花前：50％多菌灵 600 倍液（＋锌钙氨基酸）。

调整 2：中部雨水较多地区，或发芽后气候湿润（雨水多）年份

2～3 叶期：80％水胆矾石膏 600 倍液＋杀虫杀螨剂（如 2.5％联苯菊酯 1 500 倍液）。

花序分离期：50％保倍福美双 1 500 倍液＋硼肥＋锌钙氨基酸。

开花前：70％甲基硫菌灵 1 000 倍液（＋50％金科克 4 000 倍液）。

调整 3：西部半干旱地区，或发芽后气候干旱年份

2～3 叶期：杀虫杀螨剂（如 2.5％联苯菊酯 1 500 倍液）。

花序分离期：杀虫剂（＋50％多菌灵 600 倍液＋硼肥）。

开花前：50％保倍福美双 1 500 倍液＋锌钙氨基酸。

调整 4：以前病虫害防控比较好，发芽后气候干旱

2～3 叶期：杀虫杀螨剂（如 2.5％联苯菊酯 1 500 倍液或机油乳剂）

开花前：50％保倍福美双 1 500 倍液（或 70％甲基硫菌灵 1 000 倍液）＋硼肥。

③开花期：花期一般不施用药剂（如果需要使用药剂，应注意以下几点：首先应选择晴天的下午用药，且最好在天黑之前药液能干；其次要尽可能避开盛花期用药；最后要尽可能选择安全

的药剂）。

④谢花后至套袋前

谢花后：50％保倍福美双 1 500 倍液（＋40％嘧霉胺 1 000 倍液）。

谢花后 10～15 天：42％代森锰锌 600 倍液＋20％苯醚甲环唑 3 000 倍液。

套袋前果穗处理：50％保倍 3 000 倍液＋50％抑霉唑 3 000 倍液喷果穗。

说明：落花后是全年病虫害防治的重点，必须考虑所有重要的病虫害；

防治灰霉病发生危害小幼果，加用灰霉病的内吸性药剂——如嘧霉胺；

如果有介壳虫、斑衣蜡蝉等害虫，应加入杀虫剂——如苯氧威；

套袋前的药剂处理，是保证套袋安全的重要措施，必须能够兼顾霜霉、灰霉、炭疽、白腐及镰刀菌和链格孢造成的烂果、干梗（有蛀食果梗和果实的害虫的果园，还要在处理果穗的药剂中加入杀虫剂）。

调整 1：病虫害防控好的葡萄园，花后施用 1 次农药，然后用药剂处理果穗。

50％保倍福美双 1 500 倍液＋40％嘧霉胺 1 000 倍液＋磷钾氨基酸 300 倍液；

套袋前用 50％保倍 3 000 倍液＋50％抑霉唑 3 000 倍液（或 50％啶酰菌胺 1 200 倍液）喷果穗。

调整 2：早套袋的葡萄园，花后雨水少时施用 1 次农药，而后用药剂处理果穗。

50％保倍福美双 1 500 倍液＋磷钾氨基酸 300 倍液；

套袋前用 50％保倍 3 000 倍液＋50％抑霉唑 3 000 倍液（或 50％啶酰菌胺 1 200 倍液）喷果穗。

调整 3：一般情况下，谢花后 25～30 天套袋，应使用 3 次药剂。

50%保倍福美双 1 500 倍液＋40%嘧霉胺 1 000 倍液＋磷钾氨基酸 300 倍液；

10 天左右，42%喷富露 800 倍液＋20%苯醚甲环唑 3 000 倍液＋杀虫剂；

套袋前用 50%保倍 3 000 倍液＋50%抑霉唑 3 000 倍液（或 50%啶酰菌胺 1 200 倍液）喷果穗。

⑤套袋后至采摘前：套袋后，一般以铜制剂为主，使用 4～6 次药剂，根据天气和田间的具体情况确定。

首先施用 1 次 50%保倍福美双 1 500 倍液；

上次用药 15 天后，再施用 1 次 80%水胆矾石膏 800 倍液＋50%金科克 4 000 倍液；

上次用药 10 天后，再施用 1 次铜制剂（如波尔多液）；

上次用药 15 天后，再施用 80%水胆矾石膏 800 倍液＋2.5%联苯菊酯 1 500 倍液；

上次用药 10 天后，再施用 1 次铜制剂（如波尔多液）；

之后，根据时间，看是否再施用 1 次铜制剂（如波尔多液）。

⑥采摘期　采摘期一般不用药剂。采摘前不摘袋的果园，也不用药剂。

采摘前需要摘袋的果园，如果不储藏（直接销售），不用药剂；需要储藏的果园，如果摘袋后有雨水，最好在摘袋后用 50%抑霉唑 3 000 倍液喷 1 次果穗。

⑦采摘后至埋土前　采收后，立即施用 1 次药剂（如 50%保倍福美双 1 500 倍液或波尔多液），然后看天气情况施用 1～2 次铜制剂（如波尔多液），直到落叶。

埋土前要彻底清扫果园，把枯枝烂叶清理出果园高温处理或高温堆肥。

2）不套袋巨峰葡萄

①不套袋巨峰葡萄发芽前至花期的药剂使用：与套袋葡萄一致。

②谢花后至封穗期

首先施用50%保倍福美双1 500倍液（＋40%嘧霉胺1 000倍液）；

15天左右后，再次施用42%喷富露800倍液（＋20%苯醚甲环唑3 000倍液）；

10天左右后，再次施用50%保倍福美双1 500倍液＋50%金科克4 000倍液；

③封穗期至转色期

首先施用80%水胆矾石膏800倍液＋80%霜脲氰3 000倍液（或25%精甲霜灵2 000倍液）；

10天左右后，再次施用80%水胆矾石膏800倍液＋2.5%联苯菊酯1 500倍液；

根据情况，施用1～2次80%水胆矾石膏800倍液（＋12.5%烯唑醇3 000倍液）。

④转色至成熟期：首先施用50%保倍福美双1 500倍液；之后，施用10%美铵600倍液，10天左右1次，直到采收。

⑤采摘后：采收后与套袋葡萄一致。

（4）救灾措施

①出现绿盲蝽为害：如果出现绿盲蝽普遍为害，马上施用2.5%联苯菊酯1 500倍液，发生较严重时可以施用2.5%联苯菊酯1 500倍液＋甲维盐水分散粒剂1 500倍液。

②出现霜霉病：发现霜霉病的发病中心，对发病中心进行特殊处理：水胆矾石膏600倍液＋50%金科克3 000倍液；4～5天后，42%代森锰锌600倍液＋80%霜脲氰2 500倍液。以后正常管理。

如果霜霉病发生普遍，并且气候有利于霜霉病的发生（或已经大发生），采用如下防治方法：第1次用80%水胆矾石膏600

倍液＋50％金科克3 000倍液；2天后（最好不要超过4天），施用喷富露600倍液＋25％精甲霜灵2 000倍液；4～5天后，80％水胆矾石膏800倍液＋80％霜脲氰2 500倍液。以后正常管理。

③出现冰雹：8小时内施用50％保倍福美双1 500倍液［或80％代森锰锌800倍液＋40％氟硅唑（稳歼菌）8 000倍液（或80％戊唑醇6 000倍液）］，重点喷果穗和新枝条。

④出现褐斑病：如果褐斑病发生普遍，并且气候湿润有利于褐斑病的发生（或已经大发生），采用如下防治方法：第1次用42％代森锰锌800倍液＋80％戊唑醇6 000倍液；5天后（最好不要超过5天），施用50％保倍福美双2 000倍液＋20％苯醚甲环唑3 000倍液。以后正常管理。

注：褐斑病的防治，中期的保护性杀菌剂非常关键，如果中期防治措施到位，褐斑病不会大发生。

⑤出现酸腐病（发现尿袋）：刚发生时，马上全园施用1次2.5％联苯菊酯1 500倍液＋80％水胆矾石膏800倍液，然后尽快剪除发病穗（用桶和塑料袋收集后带出田外，集中处理；不要随意丢弃）。有醋蝇存在的果园，在全园用药后，在没有风的晴天时，用80％敌敌畏300倍液喷地面（要特别注意施药时的人身安全），随后，经常检查果园，随时发现病穗、清理病穗，并妥善处理。

辅助措施：可以糖醋液加敌百虫或其他杀虫剂配成诱饵，诱杀醋蝇成虫（为了使果蝇更好的取食诱饵，可以在诱饵上铺上破布等，以利蝇子停留和取食）。

2. 非埋土防寒区（南方）避雨栽培巨峰葡萄（套袋） 南方避雨栽培巨峰葡萄一般采取套袋栽培，所以本部分内容只介绍套袋巨峰葡萄。

（1）容易出现的主要病虫害 白粉病、灰霉病、杂菌造成的烂果、酸腐病等病害；介壳虫、叶蝉、绿盲蝽等虫害。黑痘病、霜霉病等，在采收后揭开棚膜容易造成危害，应注意防治。

1）主要病害发生特点

黑痘病：采收后揭膜，可能在秋季造成危害，需用药防治。

霜霉病：与黑痘病相同，采收后揭膜可能在秋季造成危害，需用药防治；秋季昼夜温差大，导致结露，也是后期霜霉病爆发的因素。

灰霉病：避雨栽培比露地栽培灰霉病的发生大大减低，但仍然是在花序分离至落花前、成熟期造成麻烦的重要病害，一般情况下必须防治；避雨加促成栽培，因开花前后棚内湿度大，花序分离至落花前灰霉病比露地栽培严重，是最重要的病害。

白粉病：避雨栽培下，十分有利于白粉病的暴发流行。白粉病会在避雨栽培条件下逐年加重趋势，是南方避雨栽培的主要病害之一。

酸腐病：是南方避雨栽培的主要病害，尤其是容易出现伤口的果园（容易裂果的品种、遭受鸟害和虫害的葡萄、白粉病比较重的葡萄），是南方避雨栽培的主要病害。

杂菌造成的烂果：在湿度大、皮孔等汁液外流的条件下，腐霉、曲霉、青霉等杂菌污染果实，造成部分或整个果穗的腐烂。

2）主要虫害发生特点　露地栽培下南方产区主要虫害为透翅蛾、叶蝉、介壳虫类、绿盲蝽、葡萄蓟马、红蜘蛛类以及葡萄天蛾等。在避雨栽培时大部分虫害与露地的危害状况差别不大，但局部干旱条件有利于叶蝉、蚧虫类（尤其是粉蚧）的发生。在露地栽培下很少见到的螨类、蚜虫等在避雨条件，尤其是大棚避雨条件下也能局部形成为害。

（2）避雨栽培栽培模式与特点

1）避雨栽培与套袋技术相结合　既进行避雨，又套袋。

2）避雨与促成栽培的结合　早期覆膜促成栽培，在促成结束之后，仍然保留顶膜避雨，即构成"早期促成、后期避雨"的促成加避雨的栽培模式。避雨促成栽培也进行套袋。

（3）规范化防治简表

南方避雨栽培巨峰葡萄的病虫害规范化药剂防治简表（无公害葡萄）

时 期		措 施	备 注
发芽前		5波美度石硫合剂	绒毛期使用；使用越晚防治病虫的效果越好，但要注意不要伤害幼芽和幼叶
发芽后至开花前	2~3叶	杀虫剂或杀虫螨剂	一般使用2次杀菌剂加1次杀虫剂
	花序分离	50%保倍福美双1 500倍液+硼肥	
	开花前	70%甲基硫菌灵1 000~1 200倍液（或50%啶酰菌胺1 500倍液）	
谢花后至套袋前	谢花后2~3天	50%保倍福美双1 500倍液+40%嘧霉胺1 000倍液（+杀虫剂）	根据套袋时间，使用1~2次药剂；套袋前处理果穗（涮果穗或喷果穗）；处理果穗药剂+展着剂
	8~10天	20%苯醚甲环唑3 000~4 000倍液	
	套袋前1~3天	50%保倍3 000倍液+20%苯甲3 000倍液+50%抑霉唑3 000倍液（或50%啶酰菌胺1 200倍液）（+杀虫剂）	
套袋后至摘袋前		80%戊唑醇8 000~10 000倍液或20%苯醚甲环唑3 000倍液	套袋后至摘袋，一般使用2次左右药剂
		80%水胆矾石膏600倍液+杀虫剂（如2.5%联苯菊酯1 500倍液）	
采收			不使用药剂
采收后		马上用一次线粒体呼吸抑制剂，如保倍、吡唑醚菌酯等，之后可以使用铜制剂	根据品种、揭膜时间确定

南方避雨栽培巨峰葡萄的病虫害规范化药剂防治简表（有机葡萄）

时　期		措　施	备　注
发芽前		5 波美度石硫合剂	绒毛期使用，使用越晚防治病虫的效果越好，但要注意不要伤害幼芽和幼叶
发芽后至开花前	2～3 叶	0.2～0.3 波美度石硫合剂或机油乳剂	一般使用 2 次杀菌剂 1 次杀虫剂
	花序分离	农抗 120＋硼肥	
	开花前	武夷菌素	
谢花后至套袋前	谢花后 2～3 天	多氧霉素（＋杀虫剂）	根据套袋时间，使用 1～2 次药剂；套袋前处理果穗（涮果穗或喷果穗）；处理果穗药剂＋展着剂
	8～10 天	水胆矾石膏	
	套袋前 1～3 天	武夷菌素	
套袋后至摘袋前		0.2～0.3 波美度石硫合剂	套袋后至摘袋，一般使用 2 次左右药剂
		80％水胆矾石膏 600 倍液＋杀虫剂（机油乳剂或苦参碱）	
采收			不使用药剂
采收后		波尔多液	根据品种、揭膜时间确定

（4）规范措施的解释、说明，气候或其他情况变化后的调整

1）发芽前　发芽前使用 5 波美度的石硫合剂（绒球露出，最好在绒球发绿后使用）。喷洒时尽量均匀周到，枝蔓、架、田间杂物（桩、杂草等）都要喷洒药剂。

2）发芽后至开花前

①避雨栽培：发芽后至开花前一般使用 3 次药剂。

2～3 叶期：杀虫剂或杀虫杀螨剂（＋防治白粉病的药剂）。

有绿盲蝽、螨类、介壳虫、毛毡病等虫害的葡萄园，用杀虫杀螨剂，如 2.5％联苯菊酯 1 500 倍液、2.0％阿维菌素 3 000 倍

液或 45%马拉硫磷 1 500 倍液等;

只是昆虫类害虫,如绿盲蝽、介壳虫,用杀虫剂,如 25%吡蚜酮 1 500~2 000 倍液或 10%高效氯氰菊酯 2 000 倍液。

有白粉病危害的葡萄园,在 2~3 叶期必须使用 1 次对白粉病有效的杀菌剂。如石硫合剂(生长期使用 0.2~0.3 波美度,在 18~30℃条件下使用),或 50%保倍 3 000 倍液,或 25%吡唑嘧菌酯 2 000 倍液或 25%嘧菌酯 1 000~1 500 倍液或 20%苯醚甲环唑 3 000 倍液或 80%戊唑醇 8 000 倍液或 40%粉锈宁(三唑酮)3 000 倍液或 50%多菌灵 600 倍液。

病害虫害比较复杂的葡萄园,使用 20%苯醚甲环唑 3 000 倍液+杀虫杀螨剂。

有绿盲蝽、螨类、介壳虫、毛毡病等虫害的葡萄园,必须使用杀虫杀螨剂;如果只是虫害(绿盲蝽、介壳虫),必须使用 1 次杀虫剂,如 2.5%联苯菊酯 1 500 倍液,或 10%氯氰菊酯 2 000 倍液或 40%辛硫磷 800 倍液;如果只是螨类(螨类、毛毡病),必须使用 1 次杀螨剂;如果没有虫害、螨类为害,也没有白粉病危害时,可以省略此次用药。

花序分离期:花序分离期是花前最重要的防治点,对全年的防治有决定性作用,应使用质量好的、广谱性杀菌剂。一般使用 50%保倍福美双 1 500 倍液。

这时,也是补硼(防治大小粒和防治落花落果)的重要时期。对于授粉不良的品种,比如巨峰等品种,在花序分离至开花前使用硼肥。可以选择 50%保倍福美双 1 500 倍液+21%保倍硼 2 000 倍液的混合液在花序分离期使用。

开花前:花前也是重要的防治点,需要保证花期安全。

一般使用 70%甲基硫菌灵 1 000~1 200 倍液。

灰霉病发生严重或普遍的葡萄园,可以选择 50%啶酰菌胺 1 500倍液,或与 70%甲基硫菌灵 1 000~1 200 倍液混合使用。

有虫害(螨类、介壳虫、毛毡病、斑衣蜡蝉、蓟马等虫害)

和螨类害虫的葡萄园，尤其是在花期有虫害的葡萄园，应增加使用杀虫杀螨剂。70％甲基硫菌灵1 000～1 200倍液（＋50％啶酰菌胺1 500倍液）＋杀虫杀螨剂。

②前期促成、后期避雨栽培方式

2～3叶期：用（80％戊唑醇8 000倍液＋）杀虫杀螨剂。

花序分离期：用50％保倍福美双1 500倍液（＋40％嘧霉胺800倍）＋21％保倍硼2 000倍液。

开花前：70％甲基硫菌灵（丽致）1 000～1 200倍液（＋50％烟酰胺1 500倍液）（＋杀虫剂）。可以使用的杀虫剂有：2.5％联苯菊酯1 500倍液或10％氯氰菊酯2 000倍液或40％辛硫磷800倍液或25％吡蚜酮1 500倍液等；杀虫杀螨剂：2.5％联苯菊酯1 500倍液或45％马拉硫磷1 500倍液或2.0％阿维菌素3 000倍液等；杀螨剂：15％哒螨灵2 000倍液等。

3）花后至套袋

①谢花后至套袋前：一般使用2次药剂＋套袋前果穗处理。

第1次，50％保倍福美双1 500倍液（＋40％嘧霉胺1 000倍液）＋杀虫剂（如2.5％联苯菊酯1 500倍液）。

第2次，20％苯醚甲环唑3 000倍液。

②套袋前果穗处理：选择以下3个方案中的任何1个，处理果穗。50％保倍3 000倍液＋20％苯醚甲环唑2 000倍液＋50％抑霉唑3 000倍液（＋杀虫剂）；25％吡唑醚菌酯2 000倍液＋50％抑霉唑3 000倍液（＋杀虫剂）；70％甲基硫菌灵1 000倍液＋50％抑霉唑3 000倍液（或50％啶酰菌胺1 200倍液）。应根据具体情况而定，病害比较普遍、上年病害比较重的葡萄园使用第1个方案。

早套袋的，省去第2次用药；晚套袋，使用2次药＋套袋前处理。

4）套袋后至采收　套袋后，建议使用1～2次药剂。

①主要针对白粉病，兼顾其他杂菌。对于没有白粉病威胁的葡萄园，可以不喷洒药剂。如果使用药剂，可以在套袋后立即使

用，可以选择：50％保倍福美双1 500倍液或20％苯醚甲环唑3 000倍液或80％戊唑醇10 000倍液等。对于有虫害的葡萄园，可以使用甲维盐水分散粒剂、50％辛硫磷1 000倍液、30％乙酰甲胺磷600倍液、1.8％阿维菌素3 000倍液等药剂。

②80％水胆矾石膏600倍液＋2.5％联苯菊酯1 500倍液，在葡萄转色期时使用；对于酸腐病严重或普遍的葡萄园可以连续使用2次，两次间隔10天左右。

对于晚熟品种（或欧亚种），套袋后至采收，时间比较长，可以根据气候和病害发生的情况增加1次杀菌剂（最好使用三唑类药剂）。

对于病害控制比较好的葡萄园（尤其是中、早熟品种），可以减少1次农药（省去①，只进行②，但应该和杀虫剂混合使用）。

螨类严重时，或螨类比较普遍的葡萄园，套袋后应使用1次杀螨剂。

发现酸腐病要立即进行紧急处理。

5）采摘后与揭膜后 由于薄膜容易老化，在使用一个季节后透光率往往显著下降，有些甚至可降至50％。因此，在实践中采收之后应尽快揭去薄膜，改善葡萄的光照。但揭膜之后葡萄就处于露天之下，病害可能加重。

在采收（揭膜）后使用1～3次药：采收后，使用1次线粒体呼吸抑制剂，50％保倍3 000倍液或25％吡唑醚菌酯2 000倍液。之后15天左右施用1次铜制剂。

如果发生霜霉病，首先使用80％水胆矾石膏600倍液＋50％金科克4 000倍液，7～10天后再施用1次铜制剂。霜霉病严重，按照救灾措施处理。

（5）救灾措施

1）发现酸腐病 请参考前面章节内容。

2）发生霜霉病 请参考前面章节内容。

3）台风或大风危害 台风或大风破坏棚膜和果袋：处理果

穗的药剂重新处理果穗，重新套袋。

3. 非埋土防寒区（南方）露地栽培巨峰葡萄（套袋） 以下是沪宁沿线地区露地巨峰葡萄病虫害防治规范，非埋土防寒区（南方）露地栽培巨峰葡萄可以参考此药剂防治规范。

（1）*病虫害基本情况*

霜霉病：春季梅雨季节和秋雨连绵季节（8、9月份）是最严重的时期。

炭疽病：药剂控制＋套袋，已基本控制。

白腐病：已不是太大问题，只是在个别地块比较普遍。

穗轴褐枯病：与灰霉病混合发生，时间上有差别，应结合防治灰霉病防治。

黑痘病：已不是很严重，因为用药防治效果明显。

酸腐病：有伤口时（尤其是裂果时）严重。

灰霉病：是开花前后必须防治的病害，尤其是开花前。

绿盲蝽：发芽后危害；有绿盲蝽危害的果园，（发芽后）越早防治越好。

金龟子：危害转色以后的果实。

其他：蓟马、叶蝉、粉蚧、天蛾等。

（2）*规范性防治简表*

沪宁沿线地区露地巨峰葡萄病虫害防治规范

时　期		措　施	备　注
发芽前	吐绿	石硫合剂（或铜制剂或其他）	
发芽后至开花前	2～3叶	50%多菌灵600倍液＋杀虫剂	一般使用3次以上杀菌剂和1次杀虫剂
	花序分离	50%保倍福美双1 500～2 000倍液＋21%保倍硼2 000倍液	
	开花前	50%啶酰菌胺2 000倍液（或70%甲基硫菌灵1 200倍液）＋50%金科克4 000倍液（＋杀虫剂）	

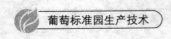

（续）

时　期		措　施	备　注
谢花后至套袋前	谢花后2～3天	40%嘧霉胺1 000倍液+42%代森锰锌SC 800倍液+杀虫剂（+21%保倍硼2 000倍液）	根据套袋时间，选用施药方案，并根据具体情况同时使用叶面肥
	谢花后10～12天	50%保倍福美双1 500倍液+20%苯醚甲环唑2 500倍液	
	谢花后25天左右	50%保倍3 000倍液+20%苯醚甲环唑2 000倍液+70%甲基硫菌灵1 200倍液（+杀虫剂）或25%吡唑醚菌酯2 000倍液+70%甲基硫菌灵1 200倍液（+杀虫剂）	套袋前处理果穗（涮果穗或喷果穗）；选择两个方案中的任何一个+展着剂
套袋后至摘袋前		50%保倍福美双1 500倍液	根据具体情况使用药剂，并根据具体情况同时使用叶面肥，如磷钾氨基酸300倍液
		42%代森锰锌SC 800倍液+50%金科克4 000倍液	
		80%水胆矾石膏800倍液+2.5%联苯菊酯1 500倍液	
		铜制剂	
		铜制剂（+特殊内吸性药剂）	
采收期			不使用药剂
采收后		1～4次药剂，以铜制剂为主	

（3）调整措施

1）发芽前　一般情况下，使用5波美度的石硫合剂；雨水多、发芽前枝蔓湿润时间长时，使用铜制剂；对于病虫害比较复杂的果园，使用80%水胆矾石膏300～500倍液与机油（或柴油）乳剂200倍液的混合液；病害比较复杂时，可以使用其他药剂，如三唑类药剂。

2）发芽后至开花前

①2～3叶期：使用杀菌剂+杀虫杀螨剂。

· 90 ·

杀菌剂可以选择 80％水胆矾石膏 800 倍液，或 42％代森锰锌 SC 800 倍液，或福美双或三唑类药剂。有绿盲蝽、叶甲、食叶性金龟子等害虫，可以选择 2.5％联苯菊酯 1 500 倍液，或 10％氯氰菊酯 2 000 倍液，或 40％辛硫磷 800 倍液，或 2.5％联苯菊酯 1 500 倍液；有红蜘蛛、毛毡病等，使用杀螨剂，如 15％哒螨灵 2 000 倍液；昆虫类害虫和红蜘蛛类害虫都有的，施用 1.8％阿维菌素 3 000 倍液。

　　春雨连绵的时候，在 2～3 叶期至花序分离期，需要增加使用 1 次药剂，可选择药剂有：50％保倍福美双 1 500 倍液、80％水胆矾石膏 800 倍液、42％代森锰锌 SC 800 倍液。

　　②花序分离期：一般使用 50％保倍福美双 1 500 倍液＋21％保倍硼 2 000 倍液；对于花序分离至开花前多雨年份，建议使用 2 次药剂，花序分离期使用 1 次，之后 7 天左右再使用 1 次药剂。具体如下：70％甲基硫菌灵 1 200 倍液＋42％代森锰锌 SC 800 倍液。

　　③始花期（开花 3～5％）：一般情况下，开花前可以使用 70％甲基硫菌灵 1 200 倍液＋杀虫剂（如 2.5％联苯菊酯 1 500 倍液）。雨水多，病害比较复杂，使用 50％啶酰菌胺 2 000 倍液＋杀虫剂。对于大小粒比较严重的果园，可以使用 70％甲基硫菌灵 1 200 倍液＋杀虫剂＋21％保倍硼 3 000 倍液。干旱年份，使用 50％多霉威 600 倍液＋2.5％联苯菊酯 1 500 倍液。春季雨水多，上年霜霉病发生比较普遍的葡萄园：70％甲基硫菌灵 1 000 倍液＋50％金科克 3 000 倍液＋21％保倍硼 3 000 倍液。

　　3）花期　花期不使用农药；遇到特殊情况，按照救灾措施使用药剂。但要注意，施药时尽可能避开盛花期，最好选择晴天的下午用药，且用过药后，天黑之前药液能干。

　　4）谢花后至套袋

　　谢花后至套袋前的药剂防治：

①40%嘧霉胺 1 000 倍液（或 50%多霉威 600 倍液）＋42%代森锰锌 SC 800 倍液＋杀虫剂。

②50%保倍 3 000 倍液＋20%苯醚甲环唑 3 000 倍液。

③50%保倍福美双 1 500 倍液＋20%苯醚甲环唑 2 500 倍液。

早套袋（谢花后 20～25 天套袋），按①、②使用；晚套袋（谢花后 25～30 天套袋），按①、②使用。

套袋前 2～3 天，使用药剂处理果穗：50%保倍 2 000 倍液＋20%苯醚甲环唑 2 000 倍液＋70%甲基硫菌灵 1 000 倍液＋杀虫剂涮果穗或喷果穗，药液干后就套袋（也可以在 3 天之内套袋）。有介壳虫的果园，杀虫剂可以选择 3%苯氧威 1 000 倍液或 25%吡蚜酮 2 000 倍液。

5）套袋后　套袋后的农药使用：50%保倍福美双 1 500 倍液于套袋后立即施用；12～15 天后施用 42%代森锰锌 SC 600 倍液＋50%金科克 3 000～4 000 倍液；转色期：80%水胆矾石膏 800 倍液＋杀虫剂（如 2.5%联苯菊酯 1 500 倍液）；其他时期：铜制剂。田间发现霜霉病，按照救灾措施处理。

6）采摘后　采收后至少使用 2 次药：采收后立即使用 1 次铜制剂，如波尔多液 200 倍液。如果有霜霉病发生，使用 80%水胆矾石膏 800 倍液＋50%金科克 3 000 倍液（或 80%霜脲氰 2 500倍液）。如果发现天蛾、卷叶蛾等虫害，采收后的第 1 次农药使用波尔多液＋80%敌百虫 1 000 倍液；第 2 次，在进入落叶期前，使用波尔多液 100 倍液或 80%水胆矾石膏 400 倍液或 30%氧氯化铜 600 倍液。最好的做法是：15 天左右 1 次铜制剂，一直到落叶期。

4. 北方大棚巨峰葡萄　北方大棚栽培的巨峰葡萄比较简单，主要存在灰霉病、白粉病、溃疡病、杂菌、红蜘蛛类（包括毛毡病）、介壳虫等问题。一般情况下使用 5 次左右药剂，可以参考以下防治规范使用药剂。

北方大棚巨峰葡萄病虫害规范防治药剂使用简表（无公害葡萄）

时 期		措 施	备 注
发芽前		5波美度石硫合剂	绒毛期使用
发芽后至开花前	2～3叶	杀虫剂或杀虫螨剂或0.2～0.3波美度石硫合剂	一般使用1次杀菌剂、1次杀虫剂
	开花前	50%保倍福美双1 500倍液或70%甲基硫菌灵1 000～1 200倍液	
谢花后至套袋前	谢花后2～3天	50%保倍福美双1 500倍液（+杀虫剂）	根据套袋时间，使用1～2次药剂；套袋前处理果穗；处理果穗+展着剂
	套袋前1～3天	50%保倍3 000倍液+50%抑霉唑3 000倍液（或50%烟酰胺1 200倍液）（+杀虫剂）	
套袋后至摘袋前		80%戊唑醇8 000～10 000倍液	套袋后至摘袋，一般使用2次左右药剂
		80%水胆矾石膏600倍液+杀虫剂（如2.5%联苯菊酯1 500倍液）	
采收		不使用药剂	
采收后		参照采收后露地栽培执行	

北方大棚巨峰葡萄病虫害规范防治药剂使用简表（有机葡萄）

时 期		措 施	备 注
发芽前		5波美度石硫合剂	绒毛期使用
发芽后至开花前	2～3叶	机油乳剂或0.2～0.3波美度石硫合剂	一般使用1次杀菌剂、1次杀虫剂
	开花前	武夷菌素	
谢花后至套袋前	谢花后2～3天	水胆矾石膏	根据套袋时间，使用1～2次药剂；套袋前处理果穗；处理果穗+展着剂
	套袋前1～3天	武夷菌素	
套袋后至摘袋前		波尔多液	套袋后至摘袋，一般使用2次左右药剂
		80%水胆矾石膏600倍+机油乳剂	
采收		不使用药剂	
采收后		参照采收后露地栽培执行	

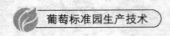

（二）红地球葡萄

我国的红地球葡萄的主要种植区域有河南北部、晋南及陕西、河北、辽西及辽南、云南金沙江干旱河谷、新疆的北疆等几个重要区域。

1. 河南省红地球葡萄病虫害防治规范

（1）规范防治药剂使用简表

河南省红地球葡萄病虫害防治规范简表

时 期		措 施	备 注
发芽前		石硫合剂（或铜制剂或其他）	
发芽后至开花前	2～3叶	杀菌剂＋杀虫剂	一般使用3次杀菌剂、1次杀虫剂
	花序分离	50%保倍福美双1 500倍液＋硼肥	
	开花前	70%甲基硫菌灵1 000倍液＋硼肥（＋杀虫剂）	
谢花后至套袋前	谢花后2～3天	50%保倍福美双1 500倍液＋20%苯醚甲环唑3 000倍液	根据套袋时间，使用2～3次药剂，套袋前处理果穗；缺锌的果园可以加用锌钙氨基酸300倍液2～3次
	谢花后15天	42%代森锰锌SC 800倍液＋40%氟硅唑8 000倍液	
	谢花后23天左右	42%代森锰锌SC 600倍液＋70%甲基硫菌灵1 200倍液	
	套袋前1～3天	50%保倍3 000倍液＋20%苯醚甲环唑2 000倍液＋50%抑霉唑3 000倍液（＋杀虫剂）	套袋前处理果穗（涮果穗或喷果穗）＋展着剂
套袋后至成熟		50%保倍福美双1 500倍液	根据具体情况使用药剂
		42%代森锰锌SC 800倍液＋50%金科克4 000倍液	
		80%水胆矾石膏800倍液＋杀虫剂	
		铜制剂	
		铜制剂（＋特殊内吸性药剂）	
采收期		不摘袋的不施用药剂	不使用药剂
采收后		1～4次药剂，以铜制剂为主	根据采收期确定

雨季或雨水多的季节药剂使用注意事项：

　　雨停后（叶片干后）就可以使用，一般喷洒药剂（不管是内吸性药剂还是保护性药剂）后 4 小时，保护膜和吸收作用已完成，药效就可以达到，再下雨就不用重新喷药；气候干燥，使用药剂后 2 小时，药效就可以达到，下雨就不用重新喷药；如果喷洒药液后不足 2～4 小时，雨停后需要补喷。

　　如果某次措施中含有三唑类药剂，下雨后补喷时不能重新使用。如果下雨后补喷药剂，建议只使用保护性药剂（重复使用三唑类药剂容易产生药害！）。

　　（2）规范措施的解释、说明，气候或其他情况变化后的调整

　　1）发芽前　发芽前，是减少或降低病原菌、害虫数量的重要时期，在搞好田间卫生（清理果园）的基础上，应根据天气和病虫害的发生情况，合理选择措施。一般情况下，使用 5 波美度的石硫合剂；雨水多、发芽前枝蔓湿润时间长时，使用铜制剂（可以使用波尔多液或 80% 水胆矾石膏 300～500 倍液），喷洒时尽量均匀周到，枝蔓、架、田间杂物（桩、杂草等）都要喷洒药剂。

　　如果果园有特殊情况，可以根据具体情况采取特殊措施。对于病虫害比较复杂的果园，使用 80% 水胆矾石膏 300～500 倍液＋机油乳剂。对于上年白腐病严重的果园，可在施用石硫合剂前 7 天左右，使用 1 次 50% 福美双 600 倍液。埋土时枝干有损伤的果树，对伤口可以用 20% 苯醚甲环唑 2 000 倍液处理伤口。

　　2）发芽后至开花前　发芽后至开花前是病虫害防治的最重要的时期之一，是体现规范防治中“前狠后保”关键时期。一般使用 3 次药剂（1～2 次杀虫剂，3 次杀菌剂，混合使用）；干旱年份，使用 3 次药剂（2～3 次杀虫剂，2～3 次杀菌剂，混合使用）；春雨较多的年份，使用 4 次药剂（1～2 次杀虫剂，4 次杀菌剂，混合使用）。

　　①2～3 叶期：绿盲蝽是必须防治的害虫。黑痘病不是问题，

但需要使用保护性杀菌剂；有介壳虫的果园，把杀虫剂换成25％吡蚜酮1 500～2 000倍液或苯氧威。上年黑痘病比较严重的葡萄园，使用杀虫剂＋80％水胆矾石膏800倍液（＋40％氟硅唑8 000倍液）。

②4～6叶期：一般不使用药剂。干旱年份或虫害（绿盲蝽、介壳虫、叶蝉）严重的葡萄园，在这个时期增加使用1次杀虫剂；雨水多的年份，增加使用1次杀菌剂（使用可以选择保护性杀菌剂）。

③花序分离期：花序分离是开花前最重要的防治点，是各种病菌数量的快速增长期，也是多种重要病害的防治时期，对全年的防治有决定性作用。花序分离，是补硼的重要时期，是斑衣蜡蝉的防治点，一般使用50％保倍福美双1 500倍液＋保倍硼2 000倍液；斑衣蜡蝉发生普遍的葡萄园，使用50％保倍福美双1 500倍液＋保倍硼2 000倍液＋杀虫剂。

④开花前（始花期，开花1％～3％）：开花前，是重要的防治期，不管是何品种，都要使用农药进行防治。因为开花前是多种病虫害发生的重要防治期，并且花期是最为脆弱的时期，一旦遭受危害，损失没有办法弥补。一般情况下，开花前使用70％甲基硫菌灵1 200倍液液或50％多菌灵600倍液；硼肥可以选择21％保倍硼3 000倍液或其他硼肥。田间还有绿盲蝽、蓟马、金龟子、叶甲等危害的葡萄园，需要混加杀虫剂。

春季雨水多，尤其有霜霉病早发风险时，使用70％甲基硫菌灵（丽致）1 200倍液＋50％金科克4 000倍液＋21％保倍硼3 000倍液。

3）花期　花期一般不使用农药；遇到特殊情况，按照救灾措施使用药剂。

4）谢花后至套袋

谢花后到套袋前的药剂防治：早套袋（谢花后20～25天套袋），使用2次药，按①、②用药。晚套袋（谢花后30天左右套袋），用 3 次药，按①、②、③使用。

①50％保倍福美双 1 500 倍液＋20％苯醚甲环唑 3 000 倍液。

②42％代森锰锌 SC 800 倍液。

③42％代森锰锌 SC 600 倍液（＋40％氟硅唑 8 000 倍液）。

需要补锌和钙的果园，可以在上面的药剂中混加锌钙氨基酸 300 倍液（2 次）。

套袋前果穗处理：药剂处理果穗后，药液干燥后就可以套袋；药剂处理后 3～5 天套袋，如下：

一般情况，使用 50％保倍 3 000 倍液＋20％苯醚甲环唑 2 000 倍液＋70％甲基硫菌灵 1 200 倍液处理果穗（蘸果穗或喷果穗）；

上年果穗上有杂菌感染果穗的、果实腐烂严重的葡萄园，使用 50％保倍 3 000 倍液＋50％抑霉唑 3 000 倍液＋20％苯醚甲环唑 2 000 倍液，处理果穗；

上年灰霉病比较严重的葡萄园，用 50％保倍 3 000 倍液＋50％烟酰胺 1 200 倍液（或 40％嘧霉胺 800 倍）处理果穗；

上年炭疽病较重的果园，用 50％保倍 2 000 倍液＋20％苯醚甲环唑 1 500 倍液＋50％抑霉唑 3 000 倍液（＋杀虫剂）处理果穗。

袋内容易受到害虫危害（粉蚧、棉铃虫、甜菜夜蛾等），果穗处理的药剂中加入杀虫剂（如 3％苯氧威 1 000 倍液或 1％甲维盐水分散粒剂 1 500～2 500 倍液或 25％吡蚜酮 1 500 倍液等）。

5）套袋后至摘袋

①规范防治措施：套袋后，以铜制剂为主［如波尔多液 200 倍液、80％水胆矾石膏 800 倍液、30％氧氯化铜（王铜）800 倍液等］，15 天左右 1 次（雨水多，10 天 1 次）。但是，注意以下情况：转色期（葡萄开始转色时），使用 1 次 80％水胆矾石膏 800 倍液＋杀虫剂（2.5％联苯菊酯 1 500 倍液）。在套袋后，应使用 1 次霜霉病的内吸性药剂。建议如下：

50％保倍福美双 1 500 倍液，套袋后马上施用。

代森锰锌＋50％金科克4 000倍液。进入7月上中旬（雨季来临前）施用。

转色期：80％水胆矾石膏800倍液＋2.5％联苯菊酯1 500倍液。

其他时期：铜制剂。

②调整措施：霜霉病发生后，按照救灾预案处理。

6）摘袋后至采收　采摘前不摘袋的，一般不使用药剂。如果摘袋采收，摘袋后遇雨水，可以使用1次50％抑霉唑3 000倍液或50％啶酰菌胺1 500倍液，只喷果穗（但注意不要出现药滴）。

7）采摘后　采收后至少使用2次药：采收后立即使用1次铜制剂，比如波尔多液200倍液或80％水胆矾石膏600倍液等；开始落叶前，再使用1次铜制剂。如果采收后有比较普遍的霜霉病，使用铜制剂＋50％金科克3 000倍液（或80％霜脲氰2 500倍液），之后使用铜制剂，按照10～15天1次处理，直到落叶。如果发现天蛾、卷叶蛾等虫害，采收后的第1次农药使用波尔多液150～180倍液＋80％敌百虫1 000倍液，之后正常处理。

（3）救灾性措施　请参阅前述内容。

2. 陕西省合阳县红地球葡萄病虫害防治规范

（1）规范防治药剂使用简表

陕西省合阳红地球葡萄病虫害防治规范简表

时　期		措　　施	备　注
发芽前		石硫合剂（或铜制剂或其他）	
发芽后至开花前	2～3叶	杀虫剂＋80％水胆矾石膏800倍液	一般使用3次杀菌剂、1～2次杀虫剂
	4～6叶	杀虫剂	
	花序分离	50％保倍福美双1 500倍液（＋20％苯醚甲环唑3 000倍液）＋21％保倍硼2 000倍液	
	开花前	70％甲基硫菌灵1 200倍液＋保倍硼3 000倍液（＋杀虫剂）	

（续）

时　期		措　　施	备　注
谢花后至套袋前	谢花后2～3天	50%保倍福美双1 500倍液（＋40%嘧霉胺1 000倍液）	根据套袋时间，使用2～3次药剂；套袋前处理果穗。缺锌的果园可以加用锌钙氨基酸300倍液2～3次
	谢花后15天左右	42%代森锰锌SC 800倍液（＋20%苯醚甲环唑3 000倍液）	
	谢花后22天左右	42%代森锰锌SC 600倍液（＋70%甲基硫菌灵1 200倍液）	
	套袋前1～3天	50%保倍3 000倍液＋20%苯醚甲环唑2 000倍液＋50%抑霉唑3 000倍液（＋杀虫剂）	套袋前处理果穗（涮果穗或喷果穗）＋展着剂
套袋后至摘袋前		50%保倍福美双1 500倍液	根据具体情况使用药剂
		42%代森锰锌SC 800倍液＋50%金科克4 000倍液	
		80%水胆矾石膏800倍液＋2.5%联苯菊酯1 500倍液	
		铜制剂	
		铜制剂（＋特殊内吸性药剂）	
采收期		不摘袋的不施用药剂	不使用药剂
采收后		1～4次药剂，以铜制剂为主	根据采收期确定

（2）规范措施的解释、说明，气候或其他情况变化后的调整有枝蔓和根系问题，花序分离期使用保倍福美双＋苯甲。其他同河南省红地球类似，请参阅前述内容。

（3）救灾性措施　花序问题、果实腐烂问题；酸腐病、霜霉病等问题。请参阅前述内容。

3. 河北省中南部地区（石家庄、饶阳县等）红地球葡萄病虫害防治规范

（1）规范防治药剂使用简表

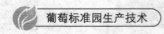

河北中南部地区（石家庄、饶阳县等）红地球葡萄
病虫害防治规范简表

时　期		措　施	备　注
发芽前		石硫合剂（或铜制剂或其他）	
发芽后至开花前	2～3 叶	80%水胆矾石膏 800 倍液＋杀虫剂	一般使用 3 次杀菌剂、1 次杀虫剂
	花序分离	50%保倍福美双 1 500 倍液＋21%保倍硼 2 000 倍液	
	开花前	70%甲基硫菌灵 800 倍液＋保倍硼 3 000 倍液（＋杀虫剂）	
谢花后至套袋前	谢花后2～3 天	50%保倍福美双 1 500 倍液＋70%甲基硫菌灵（丽致）1 200 倍液	根据套袋时间，使用 2～3 次药剂，套袋前处理果穗；缺锌的果园可以加用锌钙氨基酸 300 倍液 2～3 次
	谢花后 15 天左右	42%代森锰锌 SC 800 倍液＋20%苯醚甲环唑 3 000 倍液	
	谢花后 22 天左右	42%代森锰锌 SC 600 倍液	
	套袋前1～3 天	50%保倍 3 000 倍液＋20%苯醚甲环唑 2 000 倍液＋40%嘧霉胺 1 000 倍液（＋杀虫剂）	套袋前处理果穗（涮果穗或喷果穗）
套袋后至摘袋前		50%保倍福美双 1 500 倍液	根据具体情况使用药剂
		42%代森锰锌 SC 800 倍液＋50%金科克 4 000 倍液	
		80%水胆矾石膏 800 倍液＋杀虫剂（如 2.5%联苯菊酯 1 500 倍液）	
		铜制剂	
		铜制剂（＋特殊内吸性药剂）	
采收期			不使用药剂
采收后		1～4 次药剂，以铜制剂为主	根据采收期确定

　　（2）规范措施的解释、说明，气候或其他情况变化后的调整
灰霉病压力比其他地区轻。其他同河南省红地球类似，请参
阅前述内容。

　　（3）救灾性措施　花序问题、果实腐烂问题；酸腐病、霜霉
病等问题。请参阅前述内容。

4. 辽宁熊岳及周边地区红地球葡萄病虫害防治规范

（1）病虫害基本情况

主要病害：霜霉病、炭疽病、白腐病、酸腐病、灰霉病、黑痘病等。

主要虫害：绿盲蝽、蓟马等。

（2）规范防治药剂使用简表

辽宁熊岳及周边地区红地球葡萄病虫害防治规范简表

时　　期		措　　施	备　　注
发芽前		石硫合剂（或铜制剂或其他）	
发芽后至开花前	2～3 叶	80％水胆矾石膏 800 倍液＋杀虫剂（如 2.5％联苯菊酯 1 500 倍液或 10％氯氰菊酯 2 000 倍液）	一般使用 3 次杀菌剂、1 次杀虫剂
	花序分离	50％保倍福美双 1 500 倍液（＋40％嘧霉胺 1 000 倍液）＋保倍硼 2 000 倍液	
	开花前	70％甲基硫菌灵 1 200 倍液＋保倍硼 3 000 倍液＋杀虫剂	
谢花后至套袋前	谢花后 2～3 天	42％代森锰锌 SC 800 倍液＋20％苯醚甲环唑 3 000 倍液＋40％嘧霉胺 1 000 倍液	根据套袋时间，使用 2～3 次药剂，套袋前处理果穗；缺锌的果园可以加用锌钙氨基酸 300 倍液 2～3 次
	谢花后 8～10 天	50％保倍福美双 1 500 倍液＋70％甲基硫菌灵 1 200 倍液	
	谢花后 20 天左右	42％喷富露 600 倍液	
	套袋前 1～3 天	50％保倍 3 000 倍液＋20％苯醚甲环唑 2 000 倍液＋50％抑霉唑 3 000 倍液（＋杀虫剂）	套袋前处理果穗（涮果穗或喷果穗）＋展着剂
套袋后至摘袋前		50％保倍福美双 1 500 倍液	根据具体情况使用药剂
		代森锰锌＋50％金科克 4 000 倍液	
		80％水胆矾石膏 800 倍液＋杀虫剂	
		铜制剂	
		铜制剂（＋特殊内吸性药剂）	
采收期		不摘袋的不施用药剂	不使用药剂
采收后		1～4 次药剂，以铜制剂为主	根据采收期确定

（3）规范措施的解释、说明，气候或其他情况变化后的调整 灰霉病轻但果实储藏比例大；黑痘病比河南轻。其他同河南省红 地球类似，请参阅前述内容。

（4）救灾性措施　花序问题、果实腐烂问题；酸腐病、霜霉 病等问题。请参阅前述内容。

5. 云南宾川县红地球葡萄病虫害防治规范

（1）病害发生情况

1）霜霉病　6月份开始，7、8月份最重。由于昼夜温差大， 田间浇过水后湿度大，露水重，霜霉病感染幼果的几率较大。严 重感染幼果在5月份，最早发生记录在4月上旬。

2）白粉病　严重发生期5月份，最早4月下旬有发生，雨 季过后的9月份后，也可能大发生。

3）炭疽病　6月中、下旬是高发期。发生较普遍，套袋葡 萄一般不严重，只要套袋前防治得当，不是太大问题；防治不当 时，会造成严重损失。

4）白腐病　冰雹后较严重发生，枝条上多见，和氮肥过量、 频繁处理副梢造成的伤口有关，不少果园基部有伤口，感染白腐 病后，叶片变红色、脱落，很像病毒病。从田间调查看，成熟期 的干梗、落粒主要不是白腐病。

5）黑痘病　但雨季感染新梢，要注意预防。

6）灰霉病　全生育期都有发生，最严重时期是在谢花后和 成熟期，成熟期的灰霉病与果穗过紧和裂果有关。是必须防治的 病害。

7）酸腐病　后期的果面伤口导致酸腐病发生严重，在尽可 能减少伤口的情况下，转色至成熟期时必须防治。

8）缩果病（气灼病）　发生普遍，是水分生理问题。在栽 培上，注意水分的供求平衡，早疏果、适时套袋等，能有效减少 缩果病。

（2）虫害发生情况

1）蓟马　花期到幼果期为害，可能和大蒜或小葱采收后，转移至葡萄上有关。

2）小菜蛾和夜蛾类害虫　小菜蛾在发芽后为害；夜蛾类幼虫在套袋前后为害幼果。

3）蚧类　以粉蚧为主。个别果园在谢花后到幼果期为害重。

4）螨类　靠近其他果树的果园较重，尤其是柑橘类果园。

5）蚜虫　发芽后为害新梢；发生较普遍，必须防治。

（3）规范防治药剂使用简表

云南宾川县红地球葡萄病虫害防治规范简表（正常套袋）

时　期		措　　施	备　注
发芽前		硫制剂（80％硫黄 WDG 600 倍液、石硫合剂）	绒毛期到吐绿期使用
发芽后至开花前	2～3 叶	20％苯醚甲环唑 3 000 倍液＋甲维盐＋吡虫啉	杀虫剂间隔不要超过 6 天
	花序展露	杀虫剂（如 2.5％联苯菊酯 1 500 倍液）	
	花序分离	50％保倍福美双 1 500 倍液＋21％保倍硼 2 000 倍液	
	开花前	70％甲基硫菌灵（丽致）1 200 倍液＋5％啶虫脒 1 500 倍液＋锌肥	
谢花后至套袋前	谢花后 2～3 天	50％保倍福美双 1 500 倍液＋50％金科克 3 000 倍液＋70％吡虫啉 WDG 7 500 倍液	谢花后 15 天左右，用 15 毫克/千克 GA$_3$＋40％嘧霉胺 1 000 倍液处理果穗；
	15 天左右	42％代森锰锌 SC 800 倍液＋20％苯醚甲环唑 3 000 倍液	套袋前药剂处理果穗：50％保倍 3 000 倍液＋20％苯醚甲环唑 1 500 倍液涮果穗＋展着剂
	10 天左右	50％保倍福美双 1 500 倍液	
	15 天左右	果穗处理，之后 3～5 天套袋	

（续）

时　期		措　　施	备　注
套袋后至采收前	套袋后	铜制剂，如80％水胆矾石膏600～800倍液	
	10天后	50％保倍3 000倍液＋50％金科克3 000倍液	
	20天后	80％水胆矾石膏600～800倍液	
采收期	不摘袋	根据采收期的长短使用1～2次保护性杀菌剂，10天左右1次	发现霜霉病问题请参考紧急处理措施
	摘袋后	不使用农药	
采收后		采收后，立即使用1次50％保倍福美双1 500倍液；20天后，使用保护性杀菌剂，10～15天1次，直到落叶；9月底必须叶面喷施锌肥、硼肥	发现问题请参考紧急处理措施

云南宾川县晚套袋红地球葡萄病虫害防治规范简表（推迟套袋）

谢花后至套袋前	谢花后2～3天	50％保倍福美双1 500倍液＋50％金科克3 000倍液＋70％吡虫啉WDG7 500倍液	谢花后15天左右，用15毫克/千克GA₃＋40％嘧霉胺1 000倍处理果穗
	15天	42％代森锰锌SC 800倍液＋20％苯醚甲环唑3 000倍液	
	10天后	50％保倍福美双1 500倍液＋40％氟硅唑8 000倍液	
	15天后	42％代森锰锌SC 800倍液	套袋前50％保倍3 000倍＋20％苯醚甲环唑1 500倍涮果穗
	10天后	50％保倍3 000倍液＋50％金科克3 000倍液	
	套袋前	套袋前1～5天果穗处理	
套袋后至采收前	套袋后	80％水胆矾石膏600～800倍液＋杀虫剂	发现霜霉病问题请参考紧急处理措施
	10天后	80％水胆矾石膏600～800倍液	

注：发芽后至开花、采收后，与上表一致。

（4）规范防治措施的解释说明和调整措施

1）发芽前　一般喷施 3～5 度石硫合剂或 80％硫黄 WDG 600 倍液（或 45％石硫合剂晶体稀释 20～40 倍液），芽吐绿时施用。在有雨或潮湿时，改用 80％水胆矾石膏 300 倍液。冬剪时介壳虫数量多的果园，剪后 1 周喷施 40％杀扑磷 1 000 倍液＋50％福美双 500 倍液，绒球期再用石硫合剂。

2）2～3 片叶　一般情况施用 20％苯醚甲环唑 3 000 倍液＋甲维盐（或吡虫啉）。白粉病和黑痘病都会在中后期造成危害，在发芽时施用硫制剂的基础上，用 1 次苯醚甲环唑。有介壳虫的果园，调整为 20％苯醚甲环唑 3 000 倍液＋甲维盐＋25％吡蚜酮 1 000～1 500 倍液。

3）花序展露　一般情况施用 1 次杀虫剂，如 2.5％联苯菊酯 1 500 倍液。去年炭疽病特别重的葡萄园，可以使用 45％咪酰胺 3 000 倍液＋2.5％联苯菊酯 1 500 倍液。

4）花序分离　50％保倍福美双 1 500 倍液＋21％保倍硼 2 000 倍液，喷药细致周到，最好连架子、铁丝等都要喷上药。如果发芽后气候比较湿润，调整为 50％保倍福美双 1 500 倍液＋21％保倍硼 2 000 倍液＋40％嘧霉胺 1 000 倍液。

5）花前 2～3 天　一般使用 70％甲基硫菌灵（丽致）1 200 倍液＋5％啶虫脒 1 500 倍液＋锌肥。如果开花前遇雨，用药调整为：42％代森锰锌 SC 800 倍液＋70％甲基硫菌灵（丽致）1 200 倍液（或其他 70％甲基硫菌灵 800 倍液）＋5％啶虫脒 1 500 倍液＋锌肥。若本地区土壤钾含量较低，开花前最好施用 1 次钾肥。

6）花期　一般情况不用药。如果发现蓟马，施用 30％吡虫啉 5 000 倍液（或 70％吡虫啉水分散粒剂 8 000 倍液）。

7）谢花后到采收前

早套袋（幼果期套袋，一般为谢花后 25～40 天套袋）：

①谢花后至套袋前：花后 2～3 天，50％保倍福美双 1 500 倍液＋50％金科克 3 000 倍液＋70％吡虫啉 WDG 7 500 倍液。

花后 15 天用 15 毫克/千克赤霉酸 GA_3＋40％嘧霉胺 1 000 倍液处理果穗。花后的第 2 次和第 3 次用药，连续 2 次保护＋内吸性，即施药 15 天后，使用 42％代森锰锌 SC 800 倍液＋20％苯醚甲环唑 3 000 倍液；8～10 天后，再用 50％保倍福美双 1 500 倍液＋40％氟硅唑 8 000 倍液。使用第 3 次农药后 5 天左右开始果穗整形，之后立即使用 50％保倍 3 000 倍液＋20％苯醚甲环唑 1 500 倍液处理果穗，然后套袋。花后 40 天左右开始套袋的，在第 3 次药剂使用后 8 天左右，全园施用 42％代森锰锌 SC 600 倍液，之后 5 天左右开始果穗整形，整形后马上使用 50％保倍 3 000倍液＋20％苯醚甲环唑 1 500 倍液处理果穗，然后套袋。灰霉病压力大的果园，套袋前处理果穗的药剂调整为：50％保倍 3 000倍液＋20％苯醚甲环唑 1 500 倍液＋50％抑霉唑 3 000 倍液（或 50％啶酰菌胺 1 000 倍液）。

②套袋后至采收前：套袋后马上全园施用 80％水胆矾石膏 800 倍液＋杀虫剂；10 天后，用 50％保倍 3 000 倍液＋50％金科克 3 000 倍液；20 天后，用 80％水胆矾石膏 800 倍液。之后以铜制剂为主。

晚套袋（转色期前后套袋）：

第 1 次药剂：花后 2～3 天，用 50％保倍福美双 1 500 倍液＋50％金科克 3 000 倍液＋70％吡虫啉 WDG 7 500 倍液（花后 13～15 天用 15 毫克/千克赤霉素＋40％嘧霉胺 1 000 倍液处理果穗）。

第 2 次药剂：第 1 次药剂 15 天后，再使用 42％代森锰锌 SC 800 倍液＋20％苯醚甲环唑 3 000 倍液。

第 3 次药剂：第 2 次药剂 8～10 天后，再用 50％保倍福美双 1500 倍液＋40％氟硅唑 8 000 倍液。

第 4 次药剂：第 3 次药剂 15 天后，42％代森锰锌 SC 800 倍液。

第 5 次药剂：第 4 次药剂 10 天后，50％保倍 3 000 倍液＋50％金科克 3 000 倍液。

上次用药后，果穗整形，修好果穗后立即使用 50％保倍3 000倍液＋20％苯醚甲环唑 1 500 倍液处理果穗，药水干后套袋。

套袋后马上全园施用 1 次 80％水胆矾石膏 800 倍液＋杀虫剂；10 天后再用 1 次 80％水胆矾石膏 800 倍液。

田间发现醋蝇，把最后 1 次用药调整为 80％水胆矾石膏 800 倍液＋2.5％联苯菊酯 1 500 倍液。发生酸腐病，按救灾措施处理。

套袋前后，注意钙肥的使用。

8）采收期　采收期间需要摘袋上色的果园，摘袋后，不能再施用药剂；

带袋采收的果园，由于采收期较长，而此时霜霉病的压力较大，超过 10 天应施用 1 次保护性杀菌剂，比如：50％保倍福美双 1 500 倍液、80％水胆矾石膏 800 倍液、42％代森锰锌 SC 800 倍液、50％保倍 3 000 倍液等。

9）采收后到落叶　采收后立即使用 1 次 50％保倍福美双 1 500 倍液；20 天后，使用保护性杀菌剂，10～15 天 1 次，直到落叶；9 月底必须叶面喷施锌肥、硼肥。

（5）救灾措施

1）花期出现烂花序，施用 70％甲基硫菌灵 1 200 倍液（＋50％啶酰菌胺 1 500 倍液）。

2）花期同时出现灰霉病和霜霉病侵染花序，施用 70％甲基硫菌灵 1 200 倍液（＋50％啶酰菌胺 1 500 倍液）＋50％金科克 3 000 倍液。

3）发现霜霉病的发病中心，在发病中心及周围，使用 1 次金科克 3 000 倍液＋保护剂。如果霜霉病发生比较严重或比较普遍，先使用 1 次 50％金科克 4 000 倍液＋保护剂（保护剂可以选择 50％保倍 3 000 倍液、80％水胆矾石膏 600 倍液或 30％氧氯化铜（王铜）600 倍液，或 50％保倍福美双 1 500 倍液），3 天左右使用 80％霜脲氰 2 500 倍液；之后 4 天，再使用保护性杀菌剂，而后进行正常管理。

4）出现夜蛾类幼虫为害幼果时：发现有夜蛾类幼虫为害果

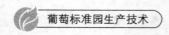

实时，马上全园施用1次甲维盐水分散粒剂，3天后用1次氟虫清或虫螨腈。

5）霜霉病感染果穗时：第1次用药，先用50%金科克1 500倍液细致喷果穗，然后马上全园使用药剂，按照救灾措施处理。

6）田间发现白粉病：马上全园施用80%硫黄WDG1 000倍液；5天后42%代森锰锌SC 800倍液＋40%氟硅唑8 000倍液（或50%保倍3 000倍液，或20%苯醚甲环唑2 000倍液），10天后50%保倍福美双1 500倍液。

7）封穗后，发现白腐病果穗：先把病果及病穗轴剪掉，用20%苯醚甲环唑1 500倍液喷防。

8）如果发现果粒上有炭疽病的小黑点：马上用50%保倍3 000倍液＋20%苯醚甲环唑1 500～2 000倍液＋展着剂，处理果穗。

9）如果遇上冰雹或者大暴雨：对前几年有白腐病发生的果园，在冰雹过后尽快施用一次50%保倍福美双1 500倍液（＋40%氟硅唑8 000倍液）。

10）发生酸腐病：参阅前述内容。

6. 新疆天山一带（石河子、博乐）红地球葡萄防治规范　对于新疆石河子、博乐地区的红地球，一般年份的规范防治，农药使用次数为7～10次：发芽前、发芽后、开花前、谢花后、套袋前（包括喷洒和果穗处理）、套袋后使用2次药剂、采收后使用1次铜制剂。

根据以前的资料和掌握的情况，制定2010年防治简图。本防治简图分正常套袋、推迟套袋两种情况。正常套袋是指谢花后30天左右套袋，以防治病虫害、正常上色为目的，但不适宜"气灼病"发生严重（普遍）的地块；推迟套袋是指葡萄转色前（一般为8月上旬左右）套袋，主要是让红地球有正常的颜色，防治病虫害不是主要目的，并且因为套袋时间推迟，减少套袋引起的气灼病。

（1）病虫害规范化防治简表

新疆天山一带(石河子、博乐)红地球葡萄防治规范药剂防治简表

1)正常套袋 共使用 7~10 次农药,药剂成本为 150 元左右/亩。

生育期:出土上架→发芽→展叶 2~3 叶→展叶→花序展露→始花→花序分离→始花一花期(开花 20%~80%)→落花期(80%落花)→落花后 2~4 天→小幼果

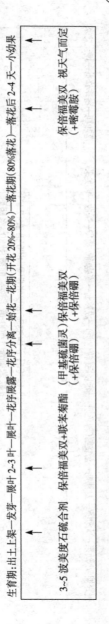

3~5波美度石硫合剂　保倍福美双+联苯菊酯　(甲基硫菌灵)　保倍福美双　　保倍福美双
　　　　　　　　　　　　　　　　　　　　(+保倍硼)　　(+保倍硼)　　(+嘧霉胺)　视天气而定

小幼果→大幼果(套袋前)→套袋后→封穗期→转色期→再次膨大→成熟期→(摘袋前)→摘袋→采收→果实采收后→落叶期→冬季修剪→埋土防寒

喷富露+　保倍+抑霉唑　保倍福美双　水胆矾+联苯菊酯　　　　　水胆矾或波尔多液　　田间卫生
(苯醚甲环唑)　处理果槽　　　　　　　　　　　　　　　　　　(+杀虫剂)

套袋后根据天气使用 2~4 次药剂:套袋后立即喷施保倍福美双 1 500 倍液(一定要均匀周到);转色期用水胆矾+联苯菊酯预防酸腐病,摘袋前用 1 次水胆矾,其他时间根据天气情况,决定用药次数,详细内容请看防治规范

2)推迟套袋　共使用 9~12 次农药，药剂成本为 180 元左右/亩。

生育期:出土上架—发芽—展叶 2-3 叶—展叶—花序展露—花序分离—始花—花期(开花 20%~80%)—落花期(80%落花)—落花后 2-4 天—小幼果

↑ 3~5 波美度石硫合剂

↑ 保倍福美双+联苯菊酯（转色期）

↑ （甲基硫菌灵）（+保倍硼）

↑ 保倍福美双（+保倍硼）

↑ 保倍福美双（+嘧霉胺）

↑ 喷蕾露+金科克

生育期:小幼果—大幼果—封顶期—套袋前—套袋后(转色期)—成熟期—摘袋前—摘袋—采收—采收后—落叶期—落叶后—冬季修剪—埋土防寒

套袋后立即喷施 80%水胆矾 800 倍液+2.5%联苯菊酯 1 500 倍；摘袋前施用 80%水胆矾 800 倍液，其他时间视天气和病虫害发生情况定，详细内容请看防治规范

3) 有机农业中的红地球葡萄葡萄园　共使用 8~10 次农药，药剂成本为 150 元左右/亩。

生育期: 出土上架—发芽—展叶 2-3 叶—展叶—花序分离—始花—花期(开花 20%~80%)—落花期(80%落花)—落花后 2-4 天—小幼果

3~5 波美度石硫合剂　水胆矾+苦参碱　(农抗 120)(+硼肥)　武夷菌素(+硼肥)　武夷菌素(+嘧霉胺)　视天气而定

小幼果—大幼果(套袋前)—套袋后—封穗期—转色期—再次膨大—成熟期—(摘袋前—摘袋)—采收—果实采收后—落叶期—冬季修剪—埋土防寒

水胆矾　武夷菌素处理果穗　水胆矾或波尔多液(+杀虫剂)　田间卫生

套袋后根据天气使用 2~4 次药剂铜制剂或硫制剂;
套袋后立即使用 1 次(一定要均匀调到);转色期用
水胆矾+苦参碱预防酸腐病,其他时间根据天气情
况,决定用药次数

（2）新疆天山一带（石河子、博乐）红地球葡萄防治规范说明和调整　新疆天山北坡一带的红地球，一般年份的规范防治农药施用次数为 7～10 次：发芽前、发芽后、开花前、谢花后、套袋前（包括喷洒和果穗处理）、套袋后施用 2 次铜制剂、采收后施用 1 次铜制剂。施用药剂的次数，由前几年防治的水平、去年病虫害的发生情况、今年的气候条件等综合确定。特殊年份可以施用 12 次左右农药，说明和具体调整如下：

1）出土上架至发芽前

经验：栽培杏的始花期出土。

出土前 10～15 天灌水：目的为推迟发芽，减轻春季霜冻（如果土壤较干燥，灌水；如果土壤湿润，不需要灌水）。

出土前注意天气预报：出土后 1～2 天没有霜冻。

地头堆积玉米秸秆（相隔 10 米），发生春寒时点燃，防止倒春寒。

出土上架后：3～5 波美度石硫合剂。如果发芽前后，雨水频繁（植株湿润），应施用 80％必备 400 倍液。

2）发芽后至开花前

①农药使用的一般情况

展叶期（2～3 叶期）：50％保倍福美双 1 500 倍液。

花序分离期：70％甲基硫菌灵 800～1 200 倍液。

开花前 2～4 天：50％保倍福美双 1 500 倍液。

②说明

发芽后：是白粉病、轴枯病、黑痘病等防治适期，是叶蝉、绿盲蝽、红蜘蛛类（包括毛毡病）等防治适期，一般使用 50％保倍福美双 1 500 倍液＋2.5％联苯菊酯 1 500 倍液。之后，可以根据虫害的发生情况，确定是否再补加 1 次杀虫剂。

花序分离期：是开花前的重要防治时期，是白粉病、轴枯病、灰霉病、穗轴褐枯病、霜霉病等的防控适期。使用 70％甲基硫菌灵 800～1 200 倍液或保倍福美双。

开花前：也是病虫害的重要防治点，是保护葡萄花期不受病虫害危害的关键措施。使用50%保倍福美双，可以兼顾多种病害，能够防治白粉病、轴枯病、灰霉病、穗轴褐枯病、霜霉病等病害。

上年灰霉病过重的果园，或者开花前多雨的年份：花序分离期使用50%金科克4 000倍液＋甲基硫菌灵，在开花前用保倍福美双＋40%嘧霉胺800倍液。

叶蝉发生较重的果园：应该在花序分离期或开花前加用1次25%吡蚜酮1 000倍液，其他用药不变。

缺硼的果园：在花序分离期，加用21%保倍硼2 000倍液。缺硼会导致授粉不良，大小粒严重，在花序分离期补1次硼肥，促进授粉，增加果粒的种子数目，增大果粒。建议施用含量高、易吸收的保倍硼。

发芽后树势弱，叶片黄化的果园：此时的叶片黄化，和上年的营养储备及此时的灌水关系较大，上年营养储备差，或者发芽后灌水过多，尤其是水温过低时，土壤温度过低，根系吸收受抑制，要尽快松土透气，覆盖地膜提高地温，同时叶面喷施锌钙氨基酸300倍液＋0.3%尿素＋0.1%磷酸二氢钾，5～7天用1次，连用3～4次。

3）花期　花期（开花10%至落花80%）一般6天左右。花期不用农药。

如果遇到特殊情况，可以施用安全性好的农药。但要注意最好避开盛花期，且选择晴天的下午用药。

花期有金龟子为害的果园，可以在开花前2～4天的用药中加用2.5%联苯菊酯1 500倍液。另外，在天黑后的2小时内灯光诱杀。

4）开花后至套袋前　谢花后到套袋前，是全年农药施用的重点，也是综合防治、规范防治理念（前狠后保）的具体体现。保证葡萄果穗干干净净套袋、压低葡萄园病虫害数量，是这个时期的目标。一般套袋前的药剂施用后,开始果穗整形(修果穗),修好果穗马上使用果穗处理药剂,药液干燥后就可以套袋了(如果是浸果穗或蘸果穗,用药后最好用海绵或吸水纸把果穗下部多余的药液吸干,以免留下药斑)。

正常套袋:谢花后30天左右套袋。正常套袋,在新疆地区容易发生气灼病(或称高温烧果)。如何防止或减少气灼病发生,请参考王忠跃有关气灼病资料。

①农药使用的一般情况:谢花后施用2次农药,附带1次果穗处理,如下:

谢花2天:50%保倍福美双1 500倍液(+40%嘧霉胺1 000倍液)+保倍钙肥1 000倍液;

上次药剂后的12~15天,42%喷富露800倍液(或30%代森锰锌800倍液)+20%苯醚甲环唑3 000倍液+保倍钙肥1 000倍液。

套袋前1~3天,果穗处理:50%保倍3 000倍液+50%抑霉唑3 000倍液+20%苯醚甲环唑2 000倍液浸果穗或喷果穗。

②说明 落花后,用保倍福美双1 500倍液预防霜霉病、白粉病、轴枯病、灰霉病、白腐病、炭疽病等;使用嘧霉胺加强对灰霉病的防治。

花后的第2遍药,用喷富露或代森锰锌悬浮剂和内吸性杀菌剂苯醚甲环唑混合使用,防治白粉病、白腐病、炭疽病等病害。葡萄套袋后,容易缺钙;在全园用药时,加用2次保倍钙肥,含量高,易吸收。

套袋前处理果穗:使用甲氧基丙烯酸酯类杀菌剂保倍,能较长时间保护果穗;抑霉唑针对灰霉病和后期感染果穗的杂菌;苯醚甲环唑针对白粉病、白腐病、炭疽病等。

防控叶蝉为害,落花后使用杀菌剂时,混合使用25%吡蚜酮1 000倍液,或3%苯氧威1 000倍液,或10%吡丙醚1 500倍液。

介壳虫为害较重的果园，在落花后到套袋前，加用 2 次 3％苯氧威 1 000 倍液。

霜霉病发生严重的果园，或者花前雨水较多时：在花后的 1 次用药中加用 50％金科克 4 000 倍液。

推迟套袋：是防治气灼病（或称高温烧果）重要措施，一般在 7 月下旬或 8 月上旬（转色始期：果实由青变白）套袋。针对气灼病（或称高温烧果），还可以在 5 月底左右，先给葡萄果穗套伞袋（打伞），而后再于 8 月初前后套袋。具体药剂的施用。与正常套袋的措施相似，只是在套袋前增加 1～3 次农药施用。具体如下：

谢花 2 天：50％保倍福美双 1 500 倍液（＋40％嘧霉胺 1 000 倍液）；

谢花后 15 天：42％喷富露 800 倍液（＋50％金科克 4 000 倍液）；

上次用药 7～10 天后，50％保倍福美双 1 500 倍液；

上次用药 12～15 天，42％喷富露 800 倍液（或 30％代森锰锌 800 倍液）＋20％苯醚甲环唑 3 000 倍液。

之后，根据气候情况和套袋时间，使用 1～2 次药剂，与钙肥一起使用。比如 50％保倍福美双 1 500 倍液＋保倍钙肥 1 000 倍液、42％喷富露 800 倍液（或 30％代森锰锌 800 倍液）＋保倍钙肥 1 000 倍液、80％必备 800 倍液＋保倍钙肥 1 000 倍液等。

套袋前 1～3 天进行果穗处理：50％保倍 3 000 倍液＋50％抑霉唑 3 000 倍液＋20％苯醚甲环唑 2 000 倍液，浸果穗或喷果穗。

5）套袋后至摘袋前　一般情况下，套袋后以保护性杀菌剂为主（主要是铜制剂），根据套袋早晚、天气状况等，确定用药次数。正常套袋一般施用 3～5 次药剂；推迟套袋一般施用 2 次左右药剂。

一般情况下，套袋后立即施用 1 次 50％保倍福美双 1 500 倍液

（一定要均匀周到）；在转色期，施用1次80%必备800倍液＋2.5%
联苯菊酯1 500倍液；其他可以根据天气和田间状况进行调整。

正常套袋：

①一般情况下的农药使用：套袋后立即施用1次50%保倍
福美双1 500倍液（一定要均匀周到）；在转色期，施用1次
80%必备800倍液＋2.5%联苯菊酯1 500倍液；摘袋前，施用1
次80%必备800倍液。

②霜霉病、白粉病严重的葡萄园：套袋后立即喷施50%保
倍福美双1 500倍液（一定要均匀周到）＋50%金科克4 000倍
液；15天后施用42%喷富露800倍液＋20%苯醚甲环唑3 000
倍液（或40%氟硅唑8 000倍液）；10天左右，再施用80%必备
800倍液＋2.5%联苯菊酯1 500倍液。之后根据天气情况，15
天左右1次80%必备800倍液。

③说明：套袋后立即用1次保倍福美双，要细致周到。因套
袋后要连续施用铜制剂，对轴枯病、白腐病和灰霉病的防治效果
不是特别好，因此需要使用1次保倍福美双。霜霉病发生较重的
果园，在气候比较湿润的情况下，要加用霜霉病高效治疗剂
50%金科克。套袋后的第2遍用药，对防治情况较好，病虫害发
生轻微的果园，在转色期必备＋联苯菊酯，预防酸腐病，摘袋前
再用1次必备预防即可；对于霜霉病、白粉病发生较重的果园，
在气候湿润时，要加用1次喷富露＋苯醚甲环唑或氟硅唑，解决
白粉病问题，兼预防霜霉病；在气候干燥时，更要注意白粉病的
防治，在转色前加用喷富露＋苯醚甲环唑，如果白粉病较重，苯
醚甲环唑的稀释倍数改成2 000倍液。

推迟套袋：

①一般情况下的农药使用：套袋后，施用1次80%必备800
倍液＋2.5%联苯菊酯1 500倍液；摘袋前，施用1次80%必备
800倍液。

②霜霉病、白粉病严重的葡萄园：套袋后立即喷施80%必

备 800 倍液＋2.5%联苯菊酯 1 500 倍液＋80%霜脲氰 2 000 倍液；12～15 天后施用 42%喷富露 800 倍液＋20%苯醚甲环唑 3 000 倍液。之后根据情况使用 1 次 80%必备 800 倍液。

③病虫害发生轻微的葡萄园，气候比较湿润　套袋后立即喷施 80%必备 800 倍液＋2.5%联苯菊酯 1 500 倍液；10～15 天再施用 42%喷富露 800 倍液。之后，施用 1～2 次铜制剂（波尔多液或必备或王铜），15 天左右 1 次。

6）摘袋后至采收前　摘袋后不使用农药，或带袋采收。以下情况需要使用农药：

①报纸袋：摘袋后有雨水，于摘袋后 1～3 天喷施 1 次美铵 600 倍液。如果果袋内有灰霉病病穗超过 3%，及时剪除病穗，施用 1 次 50%抑霉唑 3 000 倍液。

②专用袋：发现套袋果有灰霉病病穗超过 3%，可以使用 50%抑霉唑 3 000 倍液处理果穗后采收。

7）采收后至埋土前

根据田间情况，确定药剂施用的次数和种类，建议如下：

一般情况下，采收后可立即施用 80%必备 800 倍液或波尔多液。

霜霉病比较普遍的葡萄园：首先施用 1 次内吸性杀菌剂（根据当年施用农药的情况和内吸治疗剂轮换用药的原则，可以选择金科克、甲霜灵、霜脲氰、乙磷铝等），5～7 天后再施用必备或王铜。

注：果实采收后，应同时施用肥料（底肥、追肥）、中耕、浇水等。霜冻来临或稍后，进行冬季修剪（10 月底或 11 月上中旬），修剪后埋土防寒。

田间卫生：冬季修剪的同时或埋土后，对修剪下的枝条、田间的枝叶、架上的卷须、叶片等进行全面清扫，集中到葡萄园外统一处理。

（3）救灾措施

1）发现霜霉病的发病中心　在发病中心及周围，使用 1 次金科克 3 000 倍液＋50％保倍福美双 1 500 倍液。如果发生霜霉病发生比较严重或比较普遍，先使用 1 次 50％金科克 4 000 倍液＋保护剂（保护剂可以选择 50％保倍福美双 1 500 倍液、80％必备 600 倍液或 30％代森锰锌 800 倍液或 30％王铜 600 倍液），3 天左右使用 80％霜脲氰 2 500 倍液，4 天后使用保护性杀菌剂。而后 8 天左右 1 次药剂，以保护性杀菌剂为主。

2）连续阴雨（葡萄植株上一直带水），没有办法使用药剂，田间有霜霉病发病中心时　可以在雨停的间歇（2～3 小时），带雨水使用药剂：50％金科克 1 000～1 500 倍液，喷洒在有雨水的葡萄植株正面上，作为连续阴雨的灾害应急措施。

3）田间发现白粉病　全园施用 50％保倍福美双 1 500 倍液＋70％丽致 800 倍液，3～5 天后，施用 40％氟硅唑 8 000 倍液，也可以施用 50％保倍 3 000 倍液。

4）发生酸腐病　刚发生时，全园立即施用 1 次 2.5％联苯菊酯 1 500 倍液＋80％必备 800 倍液，然后尽快剪除发病穗。不要掉到地上，要用桶和塑料袋收集后带出田外，越远越好，挖坑深埋。田间有醋蝇存在的果园，在全园用药后，先在没有风的晴天时，用 80％敌敌畏 300 倍液间隔 3 天喷地面 2 次，（要特别注意施药时的人身安全），待醋蝇全部死掉后，及时处理烂穗。随后，经常检查果园，随时发现病穗，随时清理出园，妥善处理。

辅助措施：可以用糖醋液加敌百虫或其他杀虫剂配成诱饵，诱杀醋蝇成虫（为了使蝇子更好的取食诱饵，可以在诱饵上铺上破布等，以利蝇子停留和取食）。

田间醋蝇较多，防治难度大时，全园用药时加入 50％灭蝇胺水溶性粉剂 1 500 倍液。

5）气灼病（烧果）发生　要根据具体情况进行不同处理，不要着急把病果去掉（不要急于疏病果）。

①土壤不干不湿：如果土壤干燥，应立即浇水（白天浇水在行间浇水，不要把井水直接浇入葡萄植株基部；或在傍晚 7 点以

后浇水）；如果土壤被水浸泡，应注意排水（红地球葡萄），不允许被水浸泡。雨水较多时要求及时排水。

②叶片密度合适：减少新梢生长，枝叶量要合适，既不能密闭，也不能叶片较少（叶片少会增加日烧）。

③松土，增加土壤通透性。但注意浅土层（表层土）松土，不能深，防止伤害葡萄根系。

6）有金龟子（尤其是花金龟）危害果实　首先，施用的有机肥（特别是动物粪便，如鸡粪）要经过充分腐熟；第二，灯光诱杀，在天黑后的 2 小时之内，用灯光诱杀，2 小时后可以关灯；第三，药剂防治，全园施用 2.5％联苯菊酯 1 500 倍液或 45％马拉硫磷 1 000 倍液；第四，糖醋液诱杀。

（三）酿酒葡萄（赤霞珠）

我国的酿酒葡萄种植比较分散，但集中种植的有以下区域：河北怀涿盆地（怀来、涿鹿、北京延庆）、凤凰山（昌黎、卢龙），天津蓟县，山东蓬莱，甘肃天水、甘肃北部（武威等），宁夏贺兰山东麓、新疆北部（石河子、昌吉）、新疆焉耆盆地等。以下把 2006—2009 年为山东蓬莱、甘肃天水、新疆沿天山北坡、新疆焉耆盆地、河北怀来等地制定的酿酒葡萄防治规范介绍给大家，供参阅。

1. 山东蓬莱酿酒葡萄防治规范

（1）胶东半岛酿酒葡萄病虫害的主要种类

1）胶东半岛酿酒葡萄病虫害的主要种类

重要病虫害种类（需要防治的病虫害）

病虫害	最早出现时期	主要危害时期	备　注
霜霉病	5 月底	7～9 月	最重要病害
炭疽病	7 月初	成熟期	最难防治的病害
灰霉病	5 月（花），8 月中（果实）	成熟期	必须防治的病害
酸腐病	8 月中	成熟期	必须防治、危害加重

（续）

病虫害	最早出现时期	主要危害时期	备　注
白腐病	7月	转色前后至成熟	常见病害
绿盲蝽	4月	4～5月	必须防治、危害加重
病毒病	春季	春季、后期	必须从种植前严格防控
根癌病	春季	整个生育期	虽然很少，必须防治

2）危害加重需要监测的病虫害种类　灰霉病、酸腐病、绿盲蝽、蓟马、粉蚧等5个种类需要监测和注意，危害在加重。虽然灰霉病、酸腐病、绿盲蝽已经成为必须防治的病害，但仍然有监测的必要。

3）一般种类　白粉病、褐斑病、棉铃虫等，能见到为害，但一般没有危害；在特殊年份或情况下，如果某种病虫的数量加大或比较多，在规范防治采取措施时，应考虑兼治这种病虫。

4）能发现但对葡萄生产没有实质危害的种类　叶甲、远东盔蚧、天蛾类、小蠹类害虫等虫害，虽然能发现在葡萄上为害，但没有发现造成实质危害，暂时不用考虑防治措施。

特别提示：从葡萄园看，必须防治的病虫害种类，不同的生态类型或不同的品种间稍有差异；并且，随着气候或其他因素的变化，必须防治的葡萄病虫害种类有可能发生变化或演替。

（2）胶东地区酿酒葡萄各生育期的病虫害防治简表

胶东地区酿酒葡萄各生育期的病虫害防治简表

时　期	措　施	备　注
休眠期	清理田间落叶、修剪后的枝条；清理田间葡萄架上的卷须、枝条、叶柄，沤肥或做沼气。在冬季修剪后，使用1次药剂（多胺类、次氯酸钠等消毒剂）	
发芽前	剥除老树皮；喷3～5波美度石硫合剂（芽萌动后，芽变褐至绿时）	

（续）

时　　期	措　　施	备　　注
2~3叶期	0.1~0.2波美度的石硫合剂或其他硫制剂；或杀虫剂	
花序展露	根据情况而定；病虫害危害轻的可以省略药剂使用	
花序分离	保护性杀菌剂＋菊酯类杀虫剂	
开花前	多菌灵（或甲基硫菌灵或多霉威）（＋霜霉病药剂）	
谢花后至封穗前	3次杀菌剂：以保护性杀菌剂为主（第1次注意灰霉病的防治；第2次可以选择保护性杀菌剂和三唑类杀菌剂混合使用）	
封穗至转色期	2~4次药剂，以铜制剂为主。结合使用1次杀虫剂、1次霜霉病的内吸性药剂	烂果性病害比较严重的果园，配合使用1次三唑类杀菌剂
转色至成熟期	使用1~2次铜制剂	
采收后至落叶	1~2次药剂，以铜制剂为主。结合使用1次杀虫剂	
落叶后	清理落叶	

（3）胶东地区酿酒葡萄各生育期的病虫害防治具体措施与说明

1）葡萄休眠期及萌芽前的病虫害防治　清园措施（田间卫生）：秋天落叶后，清理田间落叶，沤肥或焚烧；修剪后的枝条，集中处理；修剪（去除）的病叶、病枝条、病果，带出葡萄园，集中处理。芽萌动前，清理田间葡萄架上的卷须、枝条、叶柄；剥除老树皮。

在休眠期或芽萌后到发芽前，根据葡萄园的生产方式（有机农业、生态农业、DAP等）选择符合对应生产方式要求的药剂种类，选择使用农药，杀灭越冬的病菌和害虫。

一般在芽萌动期（展叶前）使用3~5波美度石硫合剂。

2）葡萄发芽后开花前的病虫害防治　杀灭、控制越冬后的病虫，把越冬后害虫的数量、病菌的菌量压到很低的水平，从而保证在葡萄的生长前期，没有病虫害的威胁，而且为后期的病虫害防治打下基础。

按照综合防治的理念，针对在葡萄生产上能造成实质性危害的所有病虫害，前期的措施要狠、重，从而把病虫害的基数压到很低的水平；在后期，尤其是成熟期前后，以普通、安全性的措施进行保护。所以开花前，是整年防治病虫害的重点之一。

一般情况下，可以把开花前划分为四个防治阶段（或点）。

①2～3叶期：2～3叶期是防治红蜘蛛、毛毡病、绿盲蝽、白粉病、黑痘病的非常重要的防治时期。从胶东半岛的葡萄病害的发生历史上和气候上考虑，2～3叶期可以不使用药剂；但绿盲蝽已成为重要虫害，应采取措施进行防治；有个别果园存在白粉病、红蜘蛛、毛毡病、透翅蛾等发生问题，应进行监测或防治。

具体措施：防治绿盲蝽使用杀虫剂，有机葡萄园可以选择0.1～0.2波美度的石硫合剂或机油乳剂或苦参碱或藜芦碱等。对于有白粉病危害的葡萄园使用杀菌剂；对于有红蜘蛛、毛毡病危害的葡萄园选择杀螨剂。去年果实腐烂严重的，可以选择80%、50%福美双。

一般果园，建议使用：福美双＋杀虫剂，或铜制剂＋杀虫剂。

②花序展露期：花序展露期是防治炭疽病、黑痘病、斑衣蜡蝉等非常重要的防治点，也是防治毛毡病、绿盲蝽、白粉病、灰霉病的有利时期，应根据气候条件兼顾防治各种病虫。从胶东半岛的气候和病虫害发生历史上考虑，可以不使用药剂。

一般果园，建议不使用农药。但绿盲蝽危害严重的葡萄园，应补施1次杀虫剂。

③花序分离期：花序分离期是防治灰霉病、黑痘病、炭疽病、白腐病、穗轴褐枯病的重要的防治点，是开花前最为重要的

防治点。有斑衣蜡蝉的葡萄园，结合使用杀虫剂。此期也是补硼最重要的时期，有缺硼引起的大小粒、不脱帽、花序紧等问题的葡萄园，使用硼肥。从胶东半岛的气候和病虫害发生历史上考虑，花序分离期应注意灰霉病、炭疽病、溃疡病、白腐病、穗轴褐枯病的防治，还要注意硼肥的使用。

药剂上可以选择优秀保护性杀菌剂，与硼肥混合使用。一般果园，建议使用：50%保倍福美双 1 500 倍液＋硼肥 3 000 倍液。

④开花前 2～4 天：开花前与花序分离期一致，是灰霉病、黑痘病、炭疽病、霜霉病、穗轴褐枯病等病害的防治点，是透翅蛾、金龟子等虫害的防治点，也是补硼最重要的时期之一。从胶东半岛的葡萄病虫害的发生历史上和气候上考虑，开花前 2～4 天应该使用药剂。

一般情况使用一次 50%多菌灵 600 倍或 70%甲基硫菌灵800～1 000 倍；如果气候湿润，或雨水较多的，要进行调整，可以选择霜霉病的内吸性药剂和多菌灵或甲基硫菌灵混合使用；或者根据葡萄园病虫害发生具体情况考虑。注意，开花前硼肥的使用，可以根据土壤中硼的含量，选择使用 1～3 次，可以与药剂混合使用。一般果园，建议使用 50%多菌灵 600 倍液（或 70%甲基硫菌灵 800～1 000 倍液）＋硼肥（＋50%金科克 4 000 倍液）。

3）葡萄花期的病虫害防治

①花期常遇到的问题　灰霉病、穗轴褐枯病发生，造成危害。花序分离期、开花前，是灰霉病和穗轴褐枯病的防治点；在这两个时期没有采取措施，或采取措施不利，（开花期遇到比较多的雨水），是灰霉病和穗轴褐枯病发生、危害最重要的原因。

如果霜霉病发生早，霜霉病首先侵染花序、花梗，而后再侵染叶片。所以，花前防治霜霉病的防治点是开花前。在霜霉病有可能早发生的气候条件下，花序分离期和开花前防治不力，不但会对产量和质量影响很大，还会导致后期霜霉病的大发生。

②对策　在开花前采取措施。

4）葡萄落花后到封穗前的病虫害防治　继续执行"前狠后保"，或"前重后保"的策略，从而保证前期病菌的菌势、虫害数量较低，让果实干干净净进入封穗期。

以使用农药为基础。根据气象因素等因子，确定农药的使用次数，一般 3 次左右。落花后到封穗前，规范使用药剂是全年的防治重点（根据品种和区域，使用 2～4 次药剂）。

一般果园，建议使用：保倍福美双 1 500 倍；15 天后，42％代森锰锌 SC 600 倍液＋20％苯醚甲环唑 3 000 倍液；再 15 天后，保倍福美双 1 500 倍液＋50％金科克 4 000 倍液。

5）葡萄封穗后（果实生长的中后期）病虫害的防治　执行"前狠后保"或"前重后保"的"保"的策略。防治病害以保护性杀菌剂为主；防治虫害，使用没有内吸性、低毒、高效、低残留的杀虫剂；对于某些成灾性的病虫害，在关键期或防治点，给予特殊的防治或重点照顾。

选用以铜制剂为主的杀菌、保护性措施，结合虫害的防治。大幼果期和封穗后，一般以铜制剂为主，15 天左右使用 1 次，保护叶片和枝蔓。波尔多液、水胆矾石膏、王铜（氧氯化铜）等，都是可以选择的药剂。7 月底到 9 月初，是霜霉病普遍或大发生的时期，建议使用 1 次霜霉病内吸性药剂（一般为保护性与内吸性杀菌剂联合使用），是重要的防治措施。

转色后应对酸腐病进行重点防治。酸腐病的防治包括三方面的内容：幼果期使用对果实安全的药剂，果实生长的中后期搞好水分管理、控制裂果，果园内不要混合种植成熟期有差异的不同品种等，是防治酸腐病的基础；在转色期及之后的 10 天左右，使用 1～2 次对应性药剂；发现酸腐病剪除烂果或病果穗，带出田间处理，整园采取对应性措施。

紧急处理措施：发现霜霉病的发病中心，对发病中心进行特殊处理，一般处理 2 次（1 次保护性杀菌剂＋霜霉病的内吸性药剂，3～5 天再使用 1 次霜霉病的内吸性药剂），以后正常管理；

霜霉病发生普遍，并且气候有利于霜霉病的发生，使用3次药剂防治：第1次用保护性杀菌剂＋霜霉病的内吸性药剂；3～5天再使用1次霜霉病的内吸性药剂；5天后再用保护性杀菌剂＋霜霉病的内吸性药剂。

果实腐烂的病害发生普遍（白腐病、灰霉病、炭疽病）时，剪除烂果（烂果不能随意丢在田间，应使用袋子或桶收集到一起，带出田外，挖坑深埋），用药剂喷果穗（根据病害选择对应性措施）。处理果穗后，建议使用波尔多液1次，15天后使用80％水胆矾石膏600倍液＋20％苯醚甲环唑3 000倍液，再15天后使用80％水胆矾石膏600倍液＋40％嘧霉胺1 200倍液。之后，正常管理。

6）葡萄采收后病虫害的防治　采用"保"和"杀"的策略。"保"是指保证大部分葡萄叶片健壮；"杀"是指尽量多地减少越冬病源和虫源、减少病虫害的过冬数量。

使用药剂防治。

2. 甘肃天水酿酒葡萄防治规范

（1）病虫害规范化防治简表

甘肃天水酿酒葡萄病虫害防治简表

时　期	措　施	备　注
休眠期	清理田间落叶、修剪后的枝条；清理田间葡萄架上的卷须、枝条、叶柄。沤肥或做沼气 在冬季修剪后，使用1次药剂：多胺类、次氯酸钠等消毒剂	
发芽前	剥除老树皮 喷3～5波美度石硫合剂（芽萌动后，芽变褐至绿时）	
2～3叶期	0.1～0.2波美度的石硫合剂或其他硫制剂	
花序展露	使用1次有机磷类杀虫剂	

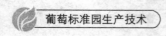

（续）

时 期	措 施	备 注
花序分离	保护性杀菌剂＋菊酯类杀虫剂	
开花前	多菌灵（或甲基硫菌灵或多霉威）（＋霜霉病药剂）	
谢花后至封穗前	3 次杀菌剂：以保护性杀菌剂为主（第 2 次可以使用保护性杀菌剂和三唑类杀菌剂混合使用）	
封穗至转色期	3～4 次药剂，以铜制剂为主。结合使用 1 次杀虫剂、1 次霜霉病的内吸性药剂	烂果性病害比较严重的果园，配合使用 1 次三唑类杀菌剂
转色至成熟期	使用 1 次铜制剂	
采收后至落叶	1～2 次药剂，以铜制剂为主。结合使用 1 次高内吸性的杀虫剂	
落叶后	清理落叶	

（2）各生育期病虫害防治具体措施与说明

1）葡萄萌芽前的病虫害防治　选用 5 波美度石硫合剂。

2）葡萄发芽后开花前的病虫害防治

①2～3 叶期：从天水市的葡萄病虫害的发生历史上和气候上考虑，2～3 叶期可以不使用药剂；但应监测红蜘蛛、毛毡病、绿盲蝽、双棘长蠹、白粉病等病虫害发生情况。

具体措施：防治红蜘蛛和毛毡病，使用杀螨剂；防治绿盲蝽、双棘长蠹使用杀虫剂；防治白粉病使用杀菌剂。可以选择 0.1～0.2 波美度的石硫合剂或其他硫制剂。

②花序展露期：从天水市气候和病虫害发生历史上考虑，花序展露期应注意斑衣蜡蝉的防治，还要注意硼肥的使用。

③花序分离期：从天水市气候和病虫害发生历史上考虑，花序分离期应注意斑衣蜡蝉、灰霉病、霜霉病、穗轴褐枯病的防治，还要注意硼肥的使用。

药剂上可以选择保护性杀菌剂、杀虫剂、硼肥混合使用。

④开花前2~4天：从天水市的葡萄病虫害的发生历史上和气候上考虑，开花前2~4天可以使用药剂：一般情况使用1次50％多菌灵600倍液或70％甲基硫菌灵800~1 000倍液；如果气候湿润，或雨水较多的，要进行调整，可以选择霜霉病的内吸性药剂和多菌灵或甲基硫菌灵混合使用；或者根据葡萄园病虫害发生具体情况考虑。

3）葡萄花期的病虫害防治　花前采取措施、花期不使用农药或采取措施。

4）葡萄落花后到封穗前的病虫害防治　以使用农药为基础。根据气象因素等因子，确定农药的使用次数，一般3次左右。落花后到封穗前，规范使用药剂是全年的防治重点。

先用50％保倍福美双1 500倍液；

15天后，选用42％代森锰锌SC 600倍液（＋20％苯醚甲环唑3 000倍液）；

第二次用药15天后，选用保倍福美双1 500倍液＋50％金科克4 000倍液。

5）葡萄封穗后（果实生长的中后期）病虫害的防治　防治病害以保护性杀菌剂为主；防治虫害，使用没有内吸性、低毒、高效、低残留的杀虫剂；对于某些成灾性的病虫害，在关键期或防治点，给予特殊的防治或重点照顾。一般以铜制剂为主，15天左右使用1次，保护叶片和枝蔓。波尔多液、水胆矾石膏、王铜等，都是可以选择的药剂。

遇到的问题和采取的方法：

①控制枝梢旺长、保持合适叶幕：控制夏季的枝蔓旺长和保持合适叶幕，是葡萄健壮生长的基础；葡萄的健壮，会有效减少病害的发生；同时，合适的叶幕有利于均匀、周到使用农药，提高农药的使用效率。

②以铜制剂为主的杀菌、保护性措施，结合虫害的防治：葡

萄离不开铜制剂。大幼果期和封穗后，一般以铜制剂为主，15天左右使用 1 次，保护叶片和枝蔓。波尔多液、水胆矾石膏、王铜等，都是可以选择的药剂。

③防止霜霉病普遍发生或大发生：雨季，是霜霉病容易大发生的时期。在田间，一般首先发现发病中心，而后发生普遍，再大爆发。所以，对于霜霉病的发病中心和雨季来临等，给予重点防治。7 月底和 8 月初，是霜霉病普遍或大发生的时期，保护性与内吸性杀菌剂联合使用，是重要的防治措施。

④转色期前后防治酸腐病：转色期前后，是防治酸腐病的重要时期。酸腐病的防治包括三方面的内容：

第一，基础。幼果期使用对果实安全的药剂，果实生长的中后期搞好水分管理，控制裂果；果园内，不要种植（成熟期有差异的）不同品种等，是防治酸腐病的基础。

第二，用药。在转色期及之后的 10 天左右，使用 2 次药剂。

第三，紧急处理。发现湿袋（袋底部湿，简称"尿袋"），先摘袋，剪除烂果（烂果不能随意丢在田间，应使用袋子或桶收集到一起，带出田外，挖坑深埋），用必备处理果穗。

6）葡萄采收后病虫害的防治　采用"保"和"杀"的策略。"保"是指保证大部分葡萄叶片健壮；"杀"是指尽量多的杀灭病源和虫源，减少病虫害的过冬数量。

使用药剂防治。

3. 新疆沿天山北坡酿酒葡萄防治规范　天山北坡酿酒葡萄病虫害一般年份的规范防治，农药施用次数为 8 次左右：发芽前、发芽后、开花前、谢花后至封穗前 2 次、封穗后至转色 2 次、转色后到采收施用 1 次、采收后施用 1 次。特殊年份可以施用 12 次左右农药。

（1）简表

新疆天山一带(昌吉、石河子)酿酒葡萄防治简表

生育期:出土上架—发芽—展叶 2~3 叶—展叶—花序展露—花序分离—始花—花期(开花 20%~80%)—落花期(80%落花)—落花后 2~4 天—小幼果

- 3~5 度石硫合剂
- 保倍福美双+联苯菊酯
- (甲基硫菌灵)(+保倍硼)
- 保倍福美双(+保倍硼)
- 保倍福美双(+嘧霉胺)
- 代森锰锌(+杀虫剂)

小幼果—大幼果—封穗期—转色期—成熟期—采收—采收后—落叶期—冬季修剪—埋土防寒

- 喷富露(+金科克)
- 保倍福美双
- 保倍福美双(+苯醚甲环唑)
- 水胆矾+联苯菊酯
- 水胆矾
- 水胆矾
- 水胆矾或波尔多液(+杀虫剂)
- 田间卫生

注:1) 共使用 7~10 次药,药剂成本为 150 元左右/亩。
2) 成年葡萄的亩用药液量为 150~200 千克。
3) 农药的混合使用,是现配现用,不要长时间放置;关于农药的混合使用,是指各自的稀释倍数,如:80%水胆矾 800 倍液+50%金科克 4 000 倍液是 800 倍液中要加入 1 千克 80%必备和 200 克 80%金科克。
4) 根据雨水等气象条件、病虫害发生情况,可以调整用药次数。
5) 有关细则和调整,详见《新疆天山一带(石河子、博乐)红地球葡萄防治规范说明和调整》。

（2）说明和具体调整措施

1）出土上架至发芽前　选用3～5波美度石硫合剂。如果发芽前后，雨水频繁（植株湿润），应施用80%水胆矾石膏400倍液。

2）发芽后至开花前

①农药使用的一般情况

展叶期（2～3叶期）：硫制剂或保倍福美双＋杀虫剂；

花序分离期：铜制剂；

开花前2～4天：50%保倍福美双1 500倍液。

②说明

发芽后：是白粉病、轴枯病、黑痘病等防治适期，是叶蝉、绿盲蝽、红蜘蛛类（包括毛毡病）等防治适期，一般使用50%保倍福美双1 500倍液＋2.5%联苯菊酯1 500倍液。之后，可以根据虫害的发生情况，确定是否再补加1次杀虫剂。

花序分离期：是开花前的重要防治时期，是白粉病、轴枯病、灰霉病、穗轴褐枯病、霜霉病等的防控适期。使用70%甲基硫菌灵800～1 200倍液或铜制剂。

开花前：也是病虫害的重要防治点，是保护葡萄花期不受病虫害危害的关键措施。使用50%保倍福美双，可以兼顾多种病害，能够防治白粉病、轴枯病、灰霉病、穗轴褐枯病、霜霉病等病害。

上年灰霉病过重的果园：或者开花前多雨的年份：花序分离期使用50%金科克4 000倍液＋甲基硫菌灵，在开花前用保倍福美双＋40%嘧霉胺800倍液。

叶蝉发生较重的果园：应该在花序分离期或开花前加用1次25%吡蚜酮1 000倍液，其他用药不变。

缺硼的果园：在花序分离期，加用21%保倍硼2 000倍液。缺硼会导致授粉不良，大小粒严重，在花序分离期补1次硼肥，促进授粉，增加果粒的种子数目，增大果粒。建议施用含量高、易吸收的保倍硼。

发芽后树势弱，叶片黄化的果园：此时的叶片黄化，和上年的营养储备及此时的灌水关系较大，上年营养储备差，或者发芽后灌水过多，尤其是水温过低时，土壤温度过低，根系吸收受抑制，要尽快松土透气，覆盖地膜提高地温，同时叶面喷施锌钙氨基酸 300 倍液＋0.3％尿素＋0.1％磷酸二氢钾，5～7 天用 1 次，连用 3～4 次。

3）花期　花期（开花 10％至落花 80％）一般 6 天左右。花期不用农药。

如果遇到特殊情况，可以施用安全性好的农药。但要注意最好避开盛花期，且选择晴天的下午用药。

有金龟子花期为害的果园，可以在开花前 2～4 天的用药中加用2.5％联苯菊酯 1 500 倍液，另外在天黑后的 2 小时内灯光诱杀。

4）开花后至封穗前　谢花后到封穗前，是全年农药施用的重点，也是综合防治、规范防治理念（前狠后保）的具体体现。前期压低葡萄园病虫害数量，是这个时期的目标。

①农药使用的一般情况：谢花后施用 2 次农药，如下：

谢花 2 天：50％保倍福美双 1 500 倍液（＋40％嘧霉胺1 000倍液）＋保倍钙肥 1 000 倍液。

封穗前：30％代森锰锌 SC 600～800 倍液＋20％苯醚甲环唑3 000 倍液＋保倍钙肥 1 000 倍液；或 30％代森锰锌 SC 600～800 倍液＋70％甲基硫菌灵 800 倍液＋保倍钙肥 1 000 倍液。

②说明：落花后，用保倍福美双 1 500 倍液预防霜霉病、白粉病、轴枯病、灰霉病、白腐病、炭疽病等；使用嘧霉胺加强对灰霉病的防治。

花后的第二遍药，用喷富露或代森锰锌悬浮剂和内吸性杀菌剂混合使用，防治白粉病、白腐病、炭疽病等病害。葡萄套袋后，容易缺钙；在全园用药时，加用 2 次保倍钙肥，含量高，易吸收。

防控叶蝉为害，落花后使用杀菌剂时，混合使用 25％吡蚜酮1 000倍液，或 3％苯氧威 1 000 倍液，或 10％吡丙醚 1 500 倍液。

介壳虫为害较重的果园：在落花后到套袋前，加用 2 次 3％

苯氧威 1 000 倍液。

霜霉病发生严重的果园，或者花前雨水较多时：在花后的一次用药中加用 50％金科克 4 000 倍液。

5）封穗后至转色　一般情况下，套袋后以保护性杀菌剂为主（主要是铜制剂），根据天气状况、上年病虫害发生情况等，确定用药次数。正常情况施用 2～4 次药剂。

封穗后立即施用 1 次 50％保倍福美双 1 500 倍液（一定要均匀周到）；在转色期，施用 1 次 80％水胆矾石膏 800 倍液＋2.5％联苯菊酯 1 500 倍液；其他可以根据天气和田间状况进行调整。

①一般情况下农药的使用

套袋后：立即施用 1 次 50％保倍福美双 1 500 倍液（一定要均匀周到）；

转色期：施用 1 次 80％水胆矾石膏 800 倍液＋2.5％联苯菊酯 1 500 倍液。

②上年霜霉病、白粉病严重的葡萄园

套袋后：立即喷施 50％保倍福美双 1 500 倍液（一定要均匀周到）＋50％金科克 4 000 倍液；

用药后 15 天：施用 42％喷富露 800 倍液＋20％苯醚甲环唑 3 000 倍液（或 40％氟硅唑 8 000 倍液）；

用药后 10 天左右：施用 80％水胆矾石膏 800 倍液＋2.5％联苯菊酯 1 500 倍液；

之后，根据天气情况，15 天左右 1 次 80％水胆矾石膏 800 倍液。

③说明：封穗后马上用 1 次保倍福美双，要细致周到。因套袋后要连续施用铜制剂，对半知菌等杂菌的防治效果不是特别好，因此需要使用 1 次保倍福美双。霜霉病发生较重的果园，在气候比较湿润的情况下，要加用霜霉病高效治疗剂 50％金科克。套袋后的第 2 遍用药，对防治情况较好，病虫害发生轻微的果园，在转色期使用水胆矾石膏＋联苯菊酯，预防酸腐病，摘袋前

再用1次水胆矾石膏预防即可；对于霜霉病、白粉病发生较重的果园，在气候湿润时，要加用1次喷富露＋苯醚甲环唑或氟硅唑，解决白粉病问题，兼预防霜霉病；在气候干燥时，更要注意白粉病的防治，在转色前加用喷富露＋苯醚甲环唑，如果白粉病较重，苯醚甲环唑的稀释倍数改成2 000倍液。

④葡萄生长中后期的救灾措施

a. 发现霜霉病的发病中心：在发病中心及周围，使用1次金科克3 000倍液＋50％保倍福美双1 500倍液。如果霜霉病发生比较严重或比较普遍，先使用1次50％金科克4 000倍液＋保护剂（保护剂可以选择50％保倍福美双1 500倍液、80％水胆矾石膏600倍液或30％代森锰锌800倍液或30％王铜600倍液），3天左右使用80％霜脲氰2 500倍液，4天后使用保护性杀菌剂。而后8天左右1次药剂，以保护性杀菌剂为主。

b. 连续阴雨（葡萄植株上一直带水），没有办法使用药剂，田间有霜霉病发病中心时：可以在雨停的间歇（2～3小时），带雨水使用药剂：50％金科克1 000～1 500倍液，喷洒在有雨水的葡萄植株正面上，作为连续阴雨的灾害应急措施。

c. 田间发现白粉病：全园施用50％保倍福美双1 500倍液＋70％丽致800倍液，3～5天后，施用40％氟硅唑8 000倍液，也可以施用50％保倍3 000倍液。

d. 发生酸腐病：刚发生时，马上全园施用1次2.5％联苯菊酯1 500倍液＋80％水胆矾石膏800倍液，然后尽快剪除发病穗，不要掉到地上，要用桶和塑料袋收集后带出田外，越远越好，挖坑深埋。田间有醋蝇存在的果园，在全园用药后，先在没有风的晴天时，用80％敌敌畏300倍液间隔3天喷地面2次（要特别注意施药时的人身安全），待醋蝇全部死掉后，及时处理烂穗。随后，经常检查果园，随时发现病穗，随时清理出园，妥善处理。

酸腐病防治的辅助措施：可以糖醋液加敌百虫或其他杀虫剂配成诱饵，诱杀醋蝇成虫。（为了使蝇子更好的取食诱饵，可以

在诱饵上铺上破布等，以利蝇子停留和取食）

田间醋蝇较多，防治难度大时，全园用药时加入 50％灭蝇胺水溶性粉剂 1 500 倍液。

e. 有金龟子（尤其是花金龟）危害果实　首先，施用的有机肥（特别是动物粪便，如鸡粪）要经过充分腐熟；第二灯光诱杀，在天黑后的 2 小时之内，用灯光诱杀，2 小时后可以关灯；第三，药剂防治，全园施用 2.5％联苯菊酯 1 500 倍液或 45％马拉硫磷 1 000 倍液；第四，糖醋液诱杀。

6) 转色后至采收前　转色后到采收前，一般有 45 天左右的时间，一般情况需要使用 1～2 次农药，以铜制剂为主。

7) 采收后至埋土前　根据田间情况，确定药剂施用的次数和种类，建议如下：

一般情况下：采收后可立即施用铜制剂＋杀虫剂，或硫制剂。

霜霉病比较普遍的葡萄园：首先施用 1 次内吸性杀菌剂（根据当年施用农药的情况和内吸治疗剂轮换用药的原则，可以选择金科克、甲霜灵、霜脲氰、乙磷铝等），5～7 天后再施用铜制剂。

注：果实采收后，应同时施用肥料（底肥、追肥）、中耕、浇水等。

霜冻来临或稍后，进行冬季修剪（10 月底或 11 月上中旬），修剪后埋土防寒。

田间卫生：冬季修剪的同时或埋土后，对修剪下的枝条、田间的枝叶、架上的卷须、叶片等进行全面清扫，集中到葡萄园外统一处理。

4. 新疆焉耆盆地酿酒葡萄防治规范

本区域目前的主要病害有霜霉病、白粉病；气象条件合适时，都可能造成危害。虫害有叶蝉、毛毡病等，并有发展为主要虫害的趋势；也存在介壳虫问题。

（1）病虫害规范化防治简表

焉耆盆地(和硕县、和静县、焉耆县)酿酒葡萄防治简表

1)有机葡萄园　共使用7次左右农药,药剂成本为120元左右/亩。

生育期:出土上架—发芽—展叶2~3叶—展叶—花序分离—始花—花期(开花20%~80%)—落花期(80%落花)—落花后2~4天—小幼果

3~5波美度石硫合剂　机油乳剂　(武夷菌素)　农抗120(+硼肥)　武夷菌素

小幼果—大幼果—封穗期—转色期—成熟期—采收—采收后—落叶期—冬季修剪—埋土防寒

水胆矾　水胆矾+苦参碱　水胆矾　水胆矾或波尔多液(+机油乳剂)　田间卫生

农药使用说明:生长季节温度在15~29℃,可以使用0.2~0.3波美度的石硫合剂;0.3%苦参碱150倍液;机油乳剂100~200倍液;2%农抗120水剂100倍液;1%武夷菌素水剂100倍液;80%水胆矾(必备)400~800倍液;1000亿枯草芽孢杆菌1500倍液。

2）无公害葡萄园　共使用7次左右农药，药剂成本为100元左右/亩。

生育期：出土上架—发芽—展叶1~2叶—花序分离—始花—花期（开花20%~80%）—落花期（80%落花）—落花后2~4天—小幼果

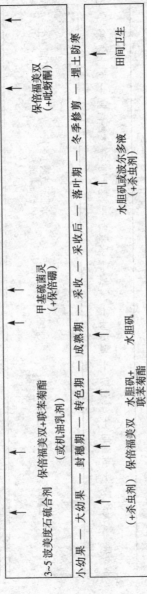

3-5波美度石硫合剂　　保倍福美双+联苯菊酯（或机油乳剂）　　甲基硫菌灵（+保倍硼）　　保倍福美双（+吡蚜酮）

小幼果—大幼果—封穗期—转色期—成熟期—采收—采收后—落叶期—冬季修剪—埋土防寒　　　田间卫生

保倍福美双（+杀虫剂）　　水胆矾+联苯菊酯　　水胆矾　　水胆矾或波尔多液（+杀虫剂）

农药使用说明：生长季节温度在15~29℃，可以使用0.2~0.3波美度的石硫合剂；0.3%苦参碱150倍液；2.5%联苯菊酯1500倍液；3%苯氧威1000倍液；10%吡丙醚1500倍液；5%吡蚜酮1000倍液；2%农抗120水剂100倍液；1%武夷菌素水剂100倍液；80%水胆矾（必备）400~800倍液；50%保倍福美双1500倍液；21%保倍硼2000倍液。

注：1）成年葡萄的亩用药液量为100~150千克。

2）农药的混合使用，是现配现用，不要长时间放置，关于农药的混合使用，是指各自的稀释倍数，如：42%喷富露800倍液+50%金科4000倍液是800千克水中要加入1千克喷富露和200克80%金科1克。

3）根据雨水等气象条件、病虫害发生情况，可以调整用药。

4）有关细则详见有关说明

（2）焉耆盆地酿酒葡萄防治规范说明和调整

1）有机葡萄园病虫害防治规范

①绒球至吐绿：扒除枝干上的老皮，喷施 5 波美度石硫合剂；要细致周到。

说明：扒除老皮，减少越冬虫口密度，对叶蝉、毛毡病、白粉病等有效。

②2～3 叶期：喷施机油乳剂 100～200 倍液。

说明：对叶蝉、毛毡病、白粉病等有效。

③开花前：2％农抗 120 水剂 100 倍液（＋0.3％苦参碱 150 倍液）（＋硼肥），全园细致周到喷雾。

说明：农抗 120 水剂针对白粉病和霜霉病；苦参碱，针对孵化后的介壳虫和叶蝉。

④幼果期：0.3％苦参碱 150 倍液或机油乳剂 100～200 倍，全园再喷 1 次。主要针对叶蝉、介壳虫等。

⑤6 月中旬：1％武夷菌素水剂 100 倍或 1 000 亿枯草芽孢杆菌 1 500 倍液，针对白粉病、霜霉病等。

⑥转色期：80％水胆矾（必备）800 倍液（＋0.3％苦参碱 150 倍液），针对霜霉病、酸腐病等。

说明：如果霜霉病已经发生，使用亚磷酸 300 倍液，3 天后使用 80％必备 400 倍液，10 天后再使用 1 次；如果发生白粉病，连续使用 2～3 次农抗 120 水剂 100 倍液（如果温度低于 30℃，可以使用 80％硫黄 WDG）。

⑦采收后：80％水胆矾（必备）800 倍液＋机油乳剂 100～200 倍液。针对后期霜霉病（控制和减少越冬量）、叶蝉和介壳虫（杀灭和减少越冬量）。

⑧埋土防寒前：修剪后清理田间枯枝烂叶，集中处理。刮除枝条上的介壳虫。

2）无公害葡萄病虫害防治规范

①绒球至吐绿：扒除枝干上的老皮，喷施 5 波美度石硫合

剂；要细致周到。

说明：扒除老皮，减少越冬虫口密度。对叶蝉、毛毡病、白粉病等有效。

②2～3叶期：50％保倍福美双1 500倍液＋2.5％联苯菊酯1 500倍液；或喷施机油乳剂100～200倍液。

说明：对叶蝉、毛毡病、白粉病等有效。

③开花前：70％甲基硫菌灵800～1 000倍液（＋25％吡蚜酮1 000倍液）（＋21％保倍硼2 000倍液）。

用保倍福美双针对白粉病、穗轴褐枯病、灰霉病，用吡蚜酮针对叶蝉，兼治介壳虫。

如果白粉病、灰霉病、霜霉病、叶蝉、毛毡病、介壳虫等同时存在，使用50％保倍福美双1 500倍液＋2.5％联苯菊酯1 500倍液（＋21％保倍硼2 000倍液）。

④谢花后：50％保倍福美双1 500倍液（＋3％苯氧威1 000倍液），全园细致周到喷雾。

保倍福美双预防白粉病、霜霉病等。苯氧威针对孵化后的介壳虫和叶蝉，但用药时要注意田间地头的杂草也要细致周到的喷上药。

⑤幼果期：3％苯氧威1 000倍液，全园再喷一次（主要针对叶蝉、介壳虫等，巩固上次用药的效果）。

⑥封穗期：50％保倍福美双1 500倍液，防控霜霉病、白粉病等。

⑦转色期：80％必备800倍液。

一旦发生霜霉病要用2～3次药才能解决。用药如下：

第1次用药：50％保倍福美双1 500倍液＋50％金科克4 000倍液。

3～5天（3天后但必须5天之内）第2次用药：80％霜脲氰2 500倍液（或25％精甲霜灵2 000倍液）。

第2次用药5天后：（25％精甲霜灵2 000倍液＋）80％必

备 800 倍液。

之后，进入正常管理。

田间发现白粉病：施用 50％保倍福美双 1 500 倍液＋20％苯醚甲环唑 2 000 倍液；5 天后，40％氟硅唑 8 000 倍液（或 50％保倍 3 000 倍液）。之后，正常管理。

⑧采收后：80％水胆矾（必备）800 倍液 ＋ 机油乳剂 100～200 倍液。

针对后期霜霉病（控制和减少越冬量）、叶蝉和介壳虫（杀灭和减少越冬量）。

⑨埋土防寒前：修剪后清理田间枯枝烂叶，集中处理。刮除枝条上的介壳虫。

5. 河北怀涿盆地酿酒葡萄防治规范

怀涿盆地酿酒葡萄病虫害防治简表（无公害食品）

时　期		措　　施	备　注
发芽前		5 波美度石硫合剂	
发芽后至开花前	2～3 叶	80％水胆矾石膏 400～500 倍液＋杀虫剂	花前使用 2～3 次药剂 80％水胆矾石膏 400～500 倍液或波尔多液（1：0.5～1：200～240 倍液）可以交替使用
	花序分离期	（保护性杀菌剂）	
	开花前	70％甲基硫菌灵 800 倍液＋保倍硼 3 000 倍液	
谢花后至封穗期	谢花后 2～3 天	50％保倍福美双 1 500 倍液＋40％嘧霉胺 1 000 倍液＋杀虫杀螨剂	谢花后到套袋，使用 1 次药剂，但最好在套袋前处理果穗（涮果穗或喷果穗）建议谢花后到套袋使用 2 次药剂（如果套袋时间推迟，套袋前还要处理果穗，参考说明）
		20％苯醚甲环唑 3 500 倍液	

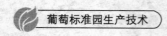

葡萄标准园生产技术

（续）

时　期		措　施	备　注
封穗期至转色期		50％保倍福美双 1 500 倍	根据具体情况使用 4 次左右药剂。套袋后的第一次药剂，最好使用 50％保倍福美双 1 500 倍液，也可以使用波尔多液或水胆矾石膏
		42％代森锰锌 SC 600 倍＋50％金科克 3 500 倍	
		80％水胆矾石膏 400～500 倍＋杀虫剂（如 2.5％联苯菊酯 1 500 倍液）	
	转色	20％苯醚甲环唑 2 500 倍液（＋70％甲基硫菌灵 1 000 倍液（或 50％烟酰胺 1 500 倍液））	
成熟期		10％多氧霉素 1 000 倍液	采收前 25～30 天使用
采收期			不使用药剂
采收后		波尔多液	使用 1～2 次

　　注意：为保证葡萄的正常生产，各地防治规范的农药的使用次数和量还是比较多，如果能结合田间监测数据，如孢子捕捉器、田间虫害数量调查等，掌握病虫动态，会更准确、更有效，而且会大大节约药剂的使用。此外，药械对防控效果和节省农药使用量方面有举足轻重的作用，所以建议大家选择比较好的药械。

附 表

附表 1　葡萄病虫害防治关键期和关键措施

病虫害		防治关键期和关键措施	备　　注
病 害	霜霉病	叶片上有水、湿润时期（雨水、结露等）的规范保护	以保护剂为基础，配合施用内吸性药剂
	黑痘病	前期防治非常关键，要体现"早"字。芽后至开花前后的防治是防治黑痘病的关键	保护剂结合治疗剂；田间卫生有效；危害重的地块和某些品种（如红地球），注意夏秋梢的保护
	白腐病	落花后到封穗期的规范化保护和雹灾后的紧急处理；阻止白腐病孢子传播是最好的措施	封穗期到转色期是白腐病的发生期，但此时防治为时已晚
	炭疽病	发芽前的田间卫生措施；春季和初夏的防止分生孢子器的形成；幼果期的保护；雨季的规范防治和果实套袋	田间卫生非常重要
	灰霉病	花前、花后、封穗前、转色期（及成熟期）是防治灰霉病的关键期	治疗剂与保护剂配合施用
	酸腐病	封穗期、着色期、成熟期（着色后10～15天）是控制关键期	控制果实伤害是基础；防病为主，病虫兼治是防治酸腐病的关键
	穗轴褐枯病	花序分离至开花前，是防治关键期，可以根据气候或品种施用1～2次杀菌剂	巨峰系品种感病

（续）

病虫害		防治关键期和关键措施	备　注
病 害	褐斑病	是后期病害，但前期的规范化防治对其有效；注意果实采收后的防治	第一批老叶形成期使用的药剂能够兼治褐斑病，是防治的关键
	白粉病	发芽前后是防治最关键期；开花前后易形成第 1 个发病高峰；是高湿、怕水的病害，干旱地区、干旱季节和保护地栽培发病较严重	硫制剂是治疗白粉病的特效药剂
	缺硼	花序分离期、始花期（或开花前）、果实第 2 次膨大前后，是补硼的关键期	注意开花前后补硼
虫 害	绿盲蝽	发芽后到开花前	杀虫剂
	毛毡病	芽萌动到展叶前、开花前；干旱地区、干旱年份、干旱季节，容易较重发生	杀螨剂；摘除病叶也是非常有效的防控措施
	金龟子	花前、转色期，随见随治	杀虫剂、毒饵、诱捕器等
	介壳虫（远东盔蚧等）	芽前芽后、花前花后（幼虫孵化盛期）是用药关键期	卵的孵化盛期用药是关键；不同地区、同一地区的不同年份孵化盛期不同，请注意植保部门的预测预报
	叶蝉	发芽后及按照世代防控	干旱地区、干旱年份、干旱季节，容易较重发生
	葡萄短须螨	发芽前、后，开花前是最关键的防治期；干旱年份的 6 月底至 8 月也要注意防治	硫制剂和杀螨剂
	葡萄透翅蛾	花序分离期（内吸性杀虫剂）、落花后 10～20 天（有杀卵作用杀虫剂）	结合田间作业剪除虫枝、利用人工进行防治
	葡萄虎天牛	果实收获前后、3～4 叶期（至花序分离期）（内吸性杀虫剂）	被害处变黑，结合修剪剪除虫枝
	葡萄十星叶甲	花后至小幼果期	注意田间卫生

附表 2　葡萄各生育期病害防治关键点

防治时期	防治对象	备　注
萌芽期 （出土上架至 芽变绿前）	黑痘病、白粉病、白腐病等病害和锈壁虱、短须螨、介壳虫、叶蝉、绿盲蝽等虫害	杀灭越冬菌源、虫源，剥除老皮，施用杀菌剂；雨水较多地域或年份施用铜制剂；雨水少、干旱，施用硫制剂，如石硫合剂；特殊问题选择特殊药剂
2～3 叶期	黑痘病、白粉病、锈病、毛毡病等病害、短须螨、介壳虫、叶蝉、绿盲蝽等虫害	对于春雨较多的地区（如南方），此期是黑痘病发病期，也是多雨地区炭疽病的分生孢子器形成期、避雨栽培的白粉病发病初期等；大多数虫害的防控适期。所以，一般情况应施用1 次药剂。根据种类、品种、地域选择合适药剂
花序分离期	黑痘病、霜霉病、炭疽病、锈病、灰霉病、穗轴褐枯病、毛毡病等	是葡萄灰霉病和穗轴褐枯病的发病初期，也是多雨地区黑痘病、干旱地区白粉病发生期；还应特别注意春季多雨地区或年份霜霉病侵染花序
开花前	黑痘病、霜霉病、炭疽病、锈病、灰霉病、穗轴褐枯病等病害、蓟马、金龟子等虫害	此期防治重点为灰霉病、穗轴褐枯病和黑痘病，保证花期安全和授粉基数（基本株型和丰产基数）。（开花前1～2 天）推荐施用1 次药剂和补硼
落花后	黑痘病、霜霉病、炭疽病、锈病、白腐病、穗轴褐枯病、灰霉病等	落花后是防治病害最关键的时期，应施用防治效果好、杀菌谱广的杀菌剂，还要针对性使用内吸性药剂
小幼果期	黑痘病、霜霉病、炭疽病、灰霉病、锈病、白腐病等	已到规范化防治的关键期，一般7～12 天 1 次药剂，施用1～2 次优秀保护性杀菌剂
大幼果期	霜霉病、炭疽病、白腐病、黑腐病、房枯病等	在雨季初期，一般施用1 次最优秀杀菌剂，并根据地区和品种进行调整
封穗期	酸腐病、霜霉病、炭疽病、白腐病等	此时期最大的威胁是酸腐病和霜霉病；白腐病发生严重地块或地区，应注意防控白腐病

（续）

防治时期	防治对象	备　注
转色期	酸腐病、灰霉病、霜霉病、炭疽病、白腐病、黑腐病、房枯病、褐斑病等	防治灰霉病和酸腐病的关键期，也是葡萄整个防治历的最关键期。对于炭疽病发生压力较大地区或地块，在葡萄转色初期施用1次防药剂；对于灰霉病发生严重的地区或品种，应施用1次防灰霉病药剂；对于酸腐病发生严重的地区或品种，应采取对应性措施；对于各种果实病害均发生比较严重的地块，在开始进入转色期时，应重点防控
成熟期	灰霉病、霜霉病、炭疽病、房枯病、黑腐病、褐斑病	尽量不使用药剂，如果病害压力大需要使用药剂，必须严格注意农药施用的安全间隔期
采收后至落叶前	霜霉病、褐斑病等	防止早期落叶，增加营养积累，促进枝条成熟和根系发展，减少越冬菌源。以铜制剂为主